콘크리트 실무매뉴얼 KCI PM214.1-21

실무 가이드라인

실리카퓸 콘크리트의 시공

실리카퓸콘크리트위원회

사단법인 한국콘크리트학회 Korea Concrete Institute

발간사

최근 국내 · 외적으로 지구온난화, 재생에너지 등의 환경문제가 무엇보다 중요한 사안으로 대두됨에 따라 국내의 경우 '탄소중립 2050'을 국정의 중요과제로 설정하고 모든 산업 분야에서 다양한 노력을 전개하고 있다.

특히, 콘크리트 산업 분야에서는 환경문제와 함께 부존자원의 고갈 및 성능 개선재 확보에 대한 대책도 중요한 문제점으로 대두됨에 따라 이를 동시에 해결하기 위하여 다양한 산업부산물 소재를 콘크리트용 자원으로 재이용하는 제로에미션(zero-emission)화 차원의 방법을 검토하고 있는 실정이다.

주요한 산업부산물 소재 중의 하나인 실리카퓸의 경우 미국, 프랑스 및 독일 등의 선진국에서 특수콘크리트 제조용 시멘트 혼화재로써 약 50여 년에 걸쳐 사용해오고 있었고, 우리나라에서는 그간 전량 해외 수입에 의존하고 있다가 2012년을 기점으로 국내에서 생산되는 페로실리콘 철강 공장이 구축됨에 따라 산업용으로 생산이 시작되었다.

이에 따라 2014년에 우리 학회에서는 실리카퓸콘크리트위원회를 발족하여 국내 · 외 실리카퓸의 다양한 특성 평가를 실시하는 등 다각적 측면에서 연구를 수행하여 그 결과를 평가하고, 이를 바탕으로 관련 실무 가이드라인 (제목: 실리카퓸 콘크리트의 시공)을 제정하였으며, 건설현장에서 귀중한 혼화재 자원으로써 활용할 수 있는 발판을 마련하였다.

이번 우리 학회 『실리카퓸 콘크리트의 시공』 실무 가이드라인 집필을 위해 수고하신 실리카퓸콘크리트위원회 위원장을 비롯한 위원 모두에게 깊은 감사를 드리며, 아울러 적극 협조하여 주신 산학연 담당자들께 감사의 말씀을 전한다.

2021년 6월

사단법인 한국콘크리트학회

콘크리트실무지침편찬특별위원회 위원장 배 수 호

학회 회장(16대) 이 재 훈

머리말

실리카퓸의 경우는 1970년대 미국, 독일 등의 선진국을 중심으로 철강 산업에서 공정원료로 페로실리콘을 제조함에 따른 집진 부산물이 발생되었고, 국내의 경우는 2000년대 초에 특수용 시멘트 혼화재로써 수입되어 국내에 일부 활용이 되고 있다.

2012년을 기점으로, 국내의 연관 철강 공장이 설립되었고, 이에 따라 페로실리콘 부산물로써의 실리카퓸이 공식적으로 내수용으로 보급됨에 따라 이에 관한 연구 및 지침 제정 등의 정비작업이 필요한 상황이었으나, 당시 학회 내에 관련 연구전문위원회가 없어 2014년에 한국콘크리트학회 내에 실리카퓸콘크리트 위원회가 발족되었다.

이후 위원회에서는 실리카퓸 콘크리트와 관련된 다양한 혼합콘크리트의 배합, 제조, 운반, 타설, 시공, 양생 및 유지관리에 이르는 실무 적용 사례 자료를 조사하고, 정리하여 오다가 2019년에 국내 현장 실정에 맞는 실무매뉴얼의 집필을 계획하여 본 실무매뉴얼 가이드라인을 작성하였다.

이 지침서는 실리카퓸 혼화재를 사용한 콘크리트를 토목 및 건축 구조물에 적용하는 경우, 특히 필요한 사항에 대하여 일반적인 표준을 나타낸 것으로 원하는 품질의 콘크리트 구조물을 만들기 위해서는 이 가이드라인에 제시한 사항을 충분히 이해하고 적절하게 시공할 필요가 있다. 아울러, 실제 실리카퓸 콘크리트를 활용한 모든 구조물의 실적용 시험 결과 및 시공 예 가 충분하지 않다고 판단한 부분도 있기 때문에 이러한 경우에는 사전에 충분한 시험을 통해 검토할 필요가 있다.

마지막으로, 이 가이드라인이 실리카퓸 콘크리트의 사용 증가 및 관련 기술개발 활성화에 기여하길 바라며, 사용하고자 하는 실무 기술인들에게도 많은 도움이 되기를 기대한다. 또한 많은 시간을 할애하여 실리카퓸 콘크리트 연구에 함께 해준 집필위원 여러분들께도 진심으로 감사드린다.

2021년 6월

실리카퓸콘크리트위원회 위원장 이창홍

집필위원

집필책임자	이창홍(㈜포스코건설)
집필위원	이창홍(㈜포스코건설), 황준필(씨엠엠이㈜), 김기환(한국도로공사), 김성겸(금오공대), 김성배(㈜제이원산업), 김정회(IS동서㈜), 김태균(한국건설기술연구원), 박남규(㈜태성에스엔아이), 박준우(한국철도기술연구원), 박진영(한국콘크리트학회), 심현보(서울특별시 의회), 엄주한(한국에스지에스㈜), 이근주(현대건설㈜), 이종길(HDC현대산업개발㈜), 이현기(㈜브리콘랩), 이호재(한국건설기술연구원), 정민선(서울특별시 의회), 정치영(㈜제이원산업), 정홍재(현대엔지니어링㈜), 홍성인(현대제철㈜), 장승환(한양대학교), 김형석(진웅화학㈜), 최문선(범준이앤씨㈜), 박용규(아주산업㈜)

검토위원

검토위원	김상철(한서대학교), 김영진(한국콘크리트학회), 안기용(한양대학교)

발간물심의위원회

위원장	조재열(서울대학교)
위원	김동주(세종대학교), 김한수(건국대학교), 문도영(경성대학교), 이기학(세종대학교), 이정윤(성균관대학교), 이주하(수원대학교), 이창홍((주)포스코건설), 하상수(강남대학교)

기획 | 실무지침편찬특별위원회

위원장	배수호(안동대학교)
부위원장	홍건호(호서대학교)
간사	천성철(인천대학교)
위원	강현구(서울대학교), 권승희(명지대학교), 김경민(서울기술연구원), 김대호(㈜한울구조물안전기술사사무소), 김두기(공주대학교), 김상철(한서대학교), 김순환(㈜창민우컨설턴트), 김영진(한국콘크리트학회), 김지상(서경대학교), 김진근(KAIST), 김태훈(한국철도기술연구원), 박선규(목원대학교), 신현목(성균관대학교), 심 별(다올이앤씨㈜), 양근혁(경기대학교), 이건철(교통대학교), 이도형(배재대학교), 이 백(한국농어촌공사), 이성태(인하공업대학), 이재훈(㈜도화), 이창홍 (㈜포스코건설), 정 란(단국대학교), 정하선(전우구조기술사무소), 최광호(남서울대학교), 최원창(가천대학교), 하상수(강남대학교), 한천구(청주대학교)

차 례

06 장 품질관리 및 검사

07 장 특별한 고려가 필요한 콘크리트

부록

제 1 장 서 론

1.1 적용범위

이 지침은 실리카퓸 혼화재를 일반시멘트와 혼합하여 사용하는 콘크리트 실무 가이드라인에 적용하며, 시공에 대한 일반적이고 기본적인 사항을 가정한다. 이 지침에 규정되지 않은 사항은 '콘크리트 표준 시방서'에 따른다(국토교통부, 2014).

실리카퓸은 전기아크 용광로(Electric arc furnaces)에서 실리콘 금속(Silicon metal) 혹은 규소철(Ferrosilicon) 합금 생산 과정 중 얻어지는 부산물로서 미세분말형의 비결정질 실리카이다. 실리카퓸은 지금까지 사용되고 있는 포졸란계 혼화재료인 플라이애시나 고로슬래그 미분말 등과 달리 반응성이 뛰어나 기존 포졸란계 혼화재료의 여러 가지 단점을 보완할 수 있는 장점을 가지고 있다. 이러한 실리카퓸은 주로 콘크리트의 고강도화, 내구성 향상, 시공성 개선, 기타 콘크리트의 성질을 개선하기 위하여 혼화재료로 사용되거나 시멘트 대체 재료로 사용되고 있다. 실리카퓸은 농축 실리카퓸(condensed silica fume), 마이크로실리카(microsilica), 기화 실리카(volatilized silica) 등으로 불리기도 하는데, 통상적으로 실리카퓸(silica fume)으로 불리며 이는 각종 국가규격, 기준 및 시방서에서 사용되고 있는 호칭이다(변근주 외, 2007). 플라이애시나 고로슬래그와 마찬가지로 실리카퓸도

산업부산물의 일종이며, 이러한 측면에서 환경부하 저감형 건설재료라고 할 수 있다. 콘크리트에 사용되는 실리카퓸의 역할에 대한 연구는 1950년대 초부터 스칸디나비아 반도의 국가들, 특히 아이슬란드, 노르웨이, 스웨덴 등지에서 시작되었으며, 현재는 미국 및 캐나다에서도 활발한 연구가 진행되고 있다. 노르웨이 국가규격은 1976년 최초로 실리카퓸을 혼합시멘트에 공식적으로 사용할 수 있도록 허용하였고, 1978년에는 실리카퓸을 혼화재료로 직접 사용하는 것을 공식 승인하였다. 한편, 1970년대부터 덴마크, 노르웨이, 캐나다 등에서 레미콘에 실리카퓸이 사용되기 시작했고, 미국에서는 1978년 처음으로 레디믹스트 실리카퓸 콘크리트가 주요 구조물의 건설에 사용되었으며, 이 당시에 노르웨이 시멘트 회사인 Norcem사가 화학적 저항성능 향상을 위하여 실리카퓸 콘크리트의 시공을 담당하였다. 미국 콘크리트학회에서는 1978년부터 실리카퓸 콘크리트 지침, 일본 토목학회에서는 1995년부터 실리카퓸 콘크리트의 설계 · 시공지침(안)을 제정(일본 토목학회 콘크리트위원회, 1995)하여 실무에 사용하고 있고, 유럽에서는 1976년 노르웨이가 실리카퓸 국가규격을 제정한 이래 대부분의 국가가 해양, 해안, 항만 시설물의 콘크리트 공사에 실리카퓸 콘크리트를 사용하고 있다. 현재 유럽 및 미주 지역에서는 다양한 분야에 걸쳐 실리카퓸 콘크리트가 활발하게 사용되고 있으며, 아시아 지역에서도 일본과 중국을 중심으로 해안 및 해양 구조물 건설에 사용되고 있다. 한편, 우리나라에서는 2000년대 이후 활발한 연구가 진행되고 있으나, 현재까지 몇몇 교량 및 고층건물의 기초에 시험적으로 사용되었을 뿐 실제로 구조물 전단면에 시공된 사례는 매우 미미하며, 일부 주요 구조물에만 적용된 상태이다. 우리나라에서도 실리카퓸과 관련된 KS 규격(KS F 2567, KS F 4009: 레디믹스트 콘크리트 등), 콘크리트 표준시방서(국토교통부, 2014) 등에 실리카퓸을 사용할 수 있는 길을 열어 놓았지만, 앞으로 콘크리트 구조물에 실리카퓸 콘크리트가 활발하게 적용되기 위해서는 그에 적합한 지침이나 설계시공 편람이 시급하게 필요한 상황이다. 이 지침에서는 실리카퓸 콘크리트의 품질, 제조, 배합, 타설, 양생, 품질관리뿐만 아니라 적용 사례 및 실리카퓸 콘크리트에 관한 KS 규격과 시방기준 등을 포함한 실리카퓸과 실리카퓸 콘크리트의 제반 기술 및 기술자료를 소개하고자 한다.

1.2 용어의 정의

(1) 분말형 실리카퓸: 실리카퓸은 매우 미세한 분말 상태로 집진된다. 이러한 재료를 분말형 실리카퓸이라고 한다. 분말형 실리카퓸은 벌크 혹은 개별 포장으로 공급된다. 분말형 실리카퓸은 포틀랜드시멘트 혹은 플라이애시처럼 취급하거나 운송할 수 있다. 분말형 실리카퓸은 다른 실리카퓸의 형태보다 비싼 운송비용과 취급상의 어려움 때문에 레미콘 공장에 벌크 형태로 공급되는 것이 일반적이다.

(2) 슬러리형 실리카퓸: 슬러리형 실리카퓸은 분말형 실리카퓸의 수송과 취급상의 문제점을 극복하기 위해 고안된 방법이다. 물을 넣어 만든 실리카퓸 슬러리는 공급자에 따라 전체 실리카퓸의 약 42~60%를 슬러리 형태로 공급한다. 포함된 물을 고려해도 슬러리 형태의 운송비는 분말형 실리카퓸보다 더 경제적일 수 있다.

(3) 과립형 실리카퓸: 과립형 실리카퓸은 응축된 것이기 때문에 수송비가 적게 든다. 이 재료는 콘크리트 공장에서 포틀랜드시멘트나 플라이애시처럼 취급될 수 있다. 응축공정은 분말형 실리카퓸에 비하여 분진 발생을 크게 감소시킨다. 과립형태는 상대적으로 약하게 뭉쳐 있어서 콘크리트 제조 시의 혼합과정에서는 쉽게 부서진다. 이러한 방법은 별도의 시설이 필요하지 않은 장점이 있다.

(4) 덩어리형 실리카퓸: 분말형 실리카퓸에 소량의 물을 첨가한 후 혼합하여 덩어리형 실리카퓸을 만들 수 있으며, 주로 원판 형태로 만든다. 이 공정은 다양한 크기의 덩어리를 만들어 지반 매립용으로 사용되기도 한다. 실리카퓸을 덩어리로 만든 후 분말로 되돌리기에는 너무 단단하여 콘크리트 제조과정에서 쉽게 부서지지 않는다. 따라서 덩어리형 실리카퓸은 콘크리트의 혼화재료로는 사용되지 않으며, 포틀랜드시멘트의 클링커와 함께 분쇄하여 주로 혼합시멘트를 만들 때 사용된다.

제2장 실리카퓸 재료의 특징

2.1 일반사항

실리카퓸을 콘크리트에 혼입하면 콘크리트의 고강도화, 내구성 향상, 시공성 개선 및 기타 콘크리트 성질(ASR 반응 억제, 수화열 억제, 점성 증대, 시멘트 대체, 섬유 분산성 개선)을 개선할 수 있다. 실리카퓸을 첨가하면 일반적으로 소요 수량이 증가하게 되며, 만약 동일한 물-결합재비를 유지하려면 필요한 워커빌리티를 얻기 위하여 감수제나 고성능 감수제 혹은 두 가지 모두를 사용해야 한다. 본 장에서는 실리카퓸 원재료 자체의 분류, 운반 및 저장, 계량 시 유의사항에 대해 원재료 특성 측면에서 서술하고자 한다.

2.2 실리카퓸의 운반 및 저장

실리카퓸 재료의 취급요령은 분말 혹은 슬러리 형태에 따라 다르다. 실리카퓸에는 화학혼화제를 포함하고 있지 않은 일반 실리카퓸, 고성능 감수제와 같은 혼화제를 포함하고 있는 실리카퓸도 있다. 실리카퓸 생산품에는 건조한 벌크, 특수건조 포대, 건조종이 포대, 액상 벌크, 액상 드럼 등이 있다. 실리카퓸은 레미콘 공장의 여건에 따라 벌크 상태나 포대로 공급된다. 사일로형의 큰 저장설비를 갖춘 곳에는 벌크 상태로 공급되고, 수요량이 적은 곳에는 실리카퓸을 넣어 압축한 포대로 공급된다. 이 포대는 재료의 품질 및 취급 관리가 용이하도록 특별히 설계된 모서리와 투입구가 있다. 이러한 생산공급 형태에 따라 실리카퓸의 운송, 출하, 저장, 계량, 비비기에 사용되는 재료 취급 시스템이나 장비들이 결정된다. 실리카퓸의 수송은 생산형태, 운송비, 생산품의 중량과 밀도, 가용취급시설, 적용 규정 등을 고려하여 결정된다.

1) 분말형 및 과립형

통용되고 있는 실리카퓸에는 일반적으로 벌크 밀도가 130~430 kgf/m^{3}인 분말형 실리카퓸과 벌크 밀도가 480~720 kgf/m^{3}인 과립형 실리카퓸의 두 가지가 있다. 분말형 실리카퓸은 먼지를 발생시키고 엉겨 붙어서 시멘트 취급 장비로는 운송하기가 어렵다. 분말형 벌크 실리카퓸은 미국과 캐나다의 일부에서 사용된다. 과립형 실리카퓸은 먼지를 발생시키고 엉겨 붙어서 시멘트 취급 장비로는 운송하기 어렵지만 유동성은 좋은 편이다.

벌크 형태는 시멘트 탱커로 운송될 수 있으며 일반 시멘트 사일로에 저장할 수 있다. 벌크 생산품은 공기압송 라인이나 버킷 엘리베이터에 의하여 저장 사일로로 이송되기도 한다. 시멘트 탱크에 벌크 과립형 실리카퓸이 적재될 수 있는 양은 28.3 m^3 용량의 탱크트럭의 경우 12~17톤이며, 39.4 m^3 용량의 탱크트럭은 18~25톤이다. 100톤 용량의 시멘트 기차는 일반적으로 60~80톤의 과립형 실리카퓸을 적재할 수 있다. 분말형 실리카퓸의 적재용량은 밀도가 작고 날리기 때문에 39.4m^3 용량의 탱크에서는 7~10톤 정도로 줄어든다. 과립형 실리카퓸은 경사시설을 이용하거나 중력식으로 상차되는데, 일반 22톤의 벌크 탱크트럭에 적재하는 데는 15~20분이 소요된다. 분말형 실리카퓸은 고압의 공기로 벌크 탱크트럭으로 이송되며 적재시간은 3~5시간이 소요된다.

벌크 탱크트럭이 콘크리트 공장에 도착하면 실리카퓸은 저장 사일로의 투입 파이프를 통하여 압축공기에 의해 배출된다. 배출시간은 일반적으로 과립형 실리카퓸은 1.5~4시간, 분말형 실리카퓸의 경우에는 3~5시간 사이이다. 하역 시 철재 파이프보다는 고무호스를 사용하는 것이 분말형 및 과립형 실리카퓸의 작업시간을 단축시킬 수 있다.

분말형 실리카퓸 콘크리트의 배합설계는 일반적으로 시멘트의 중량비에 따라 설계되기 때문에(일반적으로 5~20 %), 과립형 실리카퓸 사일로는 콘크리트 공장의 일반 시멘트 사일로보다 작아도 된다. 하지만 사일로는 최소한 두 대의 트럭(50톤)이 하역할 수 있도록 85m^{3}의 용적은 확보되어야 한다. 분말형 실리카퓸의 벌크 밀도는 과립형 실리카퓸의 부피 밀도에 대하여 1/3~1/2 밖에 되지 않으므로 저장 사일로는 더 커야 한다. 시멘트 사일로와 실리카퓸 사일로의 가장 큰 차이는 파이프 사용 여부에 달려 있다. 실리카퓸 사일로에 사용되는 파이프는 강관보다 고무관 호스가 더 적합하다. 다음은 실리카퓸 사일로의 요구사항을 정리한 것이다.

(1) 사일로는 누출이 없고 전체적으로 양호한 상태여야 한다.
(2) 사일로에 파이프 위치가 명확하게 표시되어야 한다.
(3) 사일로는 작업 중 생길 수 있는 먼지의 집진 시스템을 사일로의 용량에 맞도록 갖추어야 한다. 작업먼지 집진 시스템의 최소 면적은 14 m^2 이상이 적당하다. 작업먼지 집진 시스템은 하역하는 동안 발생할 수 있는 역압력을 제거하기 위하여 수시로 청소하여 깨끗하게 유지해야 한다.
(4) 최소 직경 150 mm의 부드러운 고무호스를 사용한다.
(5) 약 3~4.5 m마다 호스를 사일로에 고정시킨다. 고정장치는 호스의 진동을 허용해야 하는데, 이는 호스관 내부가 막히는 것을 방지하기 위함이다.
(6) 가능하면 강관을 사용하지 않도록 한다.
(7) 호스를 90도 구부리지 않도록 한다. 호스를 구부릴 때는 구부러지는 곡선반경이 최소 1.5 m 이상이어야 한다.
(8) 가능한 한 호스를 수평으로 설치하지 않도록 한다.
(9) 호스는 직접 사일로의 중간부에 연직으로 연결하도록 한다. 실리카퓸 투입 시 흐름 방향을 조절하기 위한 박스나 판 등을 절대 사용해서는 안 된다.
(10) 출하 시 호스 내에서 발생할 수 있는 정체현상을 막기 위하여 지상에서 사일로와 탱크트럭을 연결하는 연결부를 두도록 한다.

과립형 실리카퓸은 2 m^3 크기의 폴리프로필렌 포대로 포장하거나 대략 1톤의 과립형 실리카퓸을 포장할 수 있는 초대형 포대로 포장한다. 이러한 초대형 포장을 사용할 경우 12 m의 트럭 트레일러는 대략 22톤을 운반할 수 있다. 초대형 포장은 트레일러로부터 하역을 쉽게 하기 위하여 미끄럼대 위에서 포장한다. 저장 포대에는 일회용과 재활용을 위한 것이 있다. 초대형 포장은 호퍼에 달려 있는 장치로 포대를 뚫어서 배출한 후 공기압력으로 이송되거나 버킷 엘리베이터에 의해 벌크 저장 사일로로 이송된다. 폴리프로필렌 포대는 임의의 크기로도 가능하고(일반적으로 1/2에 1톤(500~900kgf)), 콘크리트 배합 시 포대 단위로 실리카퓸을 편리하게 투입할 수 있으므로 사용량 조절이 쉬워서 믹스트럭에 직접 투입하는 데 사용되기도 한다. 분말 상태의 실리카퓸(분말형과 과립형)은 소량의 종이 포장도 가능하며(22 혹은 25 kgf) 분말 화학혼화제가 첨가될 수도 있다. 이러한 형태의 장점은 소규모 건설공사나 원거리 현장에 편리하다는 점이다. 고성능감수제를 포함한 생산품은 고성능감수제의 사용을 따로 고려할 필요 없이 현장에서 실리카퓸 콘크리트의 투입과 비비기를 간단하게 할 수 있다.

2) 슬러리

실리카퓸은 액상으로 저장되거나 배출될 수 있다. 동일한 부피의 컨테이너인 경우에는 두 배 이상의 실리카퓸을 적재할 수 있으므로 운송비용이 분말 형태에 비하여 감소하게 된다. 그러나 슬러리의 운송비용은 슬러리 중 물이 차지하는 부분 때문에 과립형 실리카퓸보다는 비싸다. 슬러리에 대한 수송비용은 화물선이나 탱커인 경우보다는 저렴해질 수 있다. 실리카퓸 슬러리 제품의 종류는 다양하며 모든 제품은 각각의 취급요령이 있다. 일반적으로 슬러리 생산품이란 실리카퓸 함량이 중량 기준으로서 약 50%이며, 온도가 낮은 곳에서는 동결을 방지할 수 있는 철제 탱크에 저장하도록 한다. 재료의 균질성과 액상화를 유지하기 위하여 순환펌프나 기계 교반기를 장착하기도 한다. 재료의 교반과 순환이 요구되는 경우에는 재료의 분산을 위하여 압축공기가 사용되기도 한다. 일반 슬러리 재료와 화학혼화제를 첨가한 슬러리형 제품은 펌프 혹은 중력에 의하여 15,100ℓ 탱커트럭이나 75,700ℓ의 기차 탱커 화물차량으로 운반하여 콘크리트 제조공장에 위치한 배출기로 운송된다. 만약 기후조건을 고려해야 한다면 탱크에 단열이 필요한 경우도 있다. 감수제를 포함한 슬러리형 생산품은 일반 슬러리형 생산품과 비교하여 펌프와 분배 라인의 규모가 다소 크며, 재순환과 교반 시기가 약간 다르기는 하지만 일반 슬러리와 동일한 방법으로 저장 및 배출이 가능하다. 또한 슬러리형은 190~210 ℓ의 철제 드럼이나 20 ℓ의 통에 포장될 수도 있다. 실리카퓸 슬러리는 운송과 저장기간 동안 동결되지 않도록 보호해야 한다.

2.3 계량 및 혼합

2.3.1 계량

과립형 실리카퓸을 사용하여 콘크리트를 생산할 때의 계량방법은 일반 콘크리트를 생산할 때와 매우 유사하다. 때로는 다른 재료의 비비기 후에 건조한 실리카퓸 분말을 투입하는 방법이 있고, 어떤 경우에는 계량 전에 실리카퓸 분말을 시멘트와 미리 비비는 경우도 있다. 슬러리 형태의 실리카퓸은 다른 액상 혼화제가 투입될 때 동시에 동일한 방법으로 투입되는 것이 일반적이다. 그러나 단위부피당 사용되는 실리카퓸 슬러리의 부피는 다른 액상 혼화제에 비하여 매우 크다. 예를 들어 감수제의 소요량이 645 mℓ/m^3, 고성능 감수제의 소요량이 5.21 mℓ/m^{3}인 반면에 실리카퓸의 소요량은 55 mℓ/m^{3}이다. 실리카퓸의 양은 시방기준에서 명확하게 제시되어야 한다. 실리카퓸 혼화재료의 종류가 다양하기 때문에 실리카퓸만의 양인지 혹은 실리카퓸을 포함하는 혼화재료의 양인가를 명확하게 구분해야 한다. 실리카퓸 콘크리트 기준에서는 실리카퓸의 균일한 분산을 위하여 여분의 콘크리트 배합량을 명시해야 하는 경우도 있다.

2.3.2 분말형 및 과립형

벌크형의 과립형 실리카퓸을 사용하여 콘크리트를 제조하는 방법은 플라이애시나 고로슬래그 미분말 같은 벌크 혼합재료를 사용하는 일반 콘크리트의 제조방법과 매우 유사하다. 벌크형의 과립형 실리카퓸은 혼화재 배출장치, 콘크리트의 계량 및 비비기 장치와 함께 시멘트 저장고, 내부 컨베이어벨트, 계중 장치를 이용하여 취급되는 것이 일반적이다. 분말형 실리카퓸의 계중은 시멘트 계량이 끝난 후 시멘트 위에 있는 시멘트 계중 호퍼로 배출될 때 측정한다. 만약 누적 계중 시에는 실리카퓸의 투입량이 감소되는 것을 막기 위해 시멘트의 계량을 초과하지 않도록 주의할 필요가 있다. 실리카퓸 콘크리트는 대부분 고성능 감수제를 사용하므로 기존의 일반 감수제와 공기연행용 혼화제 분배기와 함께 액상 고성능 감수제 분배기가 사용된다. 과립형 실리카퓸을 사용하는 실리카퓸 콘크리트는 건식 믹서와 중앙집중식(습식) 레미콘 공장의 믹서에서도 모두 생산이 가능하다. 포장된 실리카퓸은 시험배치에서 결정된 최적 시기에 맞춰 투입된다. 정확한 기술과 재료 취급 공정의 적정성은 실리카퓸의 공급형태, 즉 벌크냐 포대이냐에 따라 좌우된다. 포장된 과립형 실리카퓸의 경우는 믹서에 투입하기 위해 포장을 개봉해야 하지만, 특수한 포장을 사용한 경우에는 포장을 개봉하지 않고 포장된 상태로 바로 믹서에 투입되기도 한다. 이러한 경우 사용되는 종이포장은 수분에 의해 적셔지고 비비기 과정을 통해 으깨져 분해될 수 있도록 제작된 것이 있다.

2.3.3 슬러리

콘크리트 제조공장에서 슬러리 형태의 제품은 일반적으로 7,500~22,700 ℓ급 탱크 내에 저장된다. 이들 탱크는 보통 재순환이나 기계적 교반능력을 이용하여 재료의 액상화와 분산이 요구될 때 종종 사용된다. 슬러리는 저장탱크로부터 유량계와 호스를 통하여 믹서나 수량 측정 호퍼 내로 이송된다. 실리카퓸 슬러리 제품은 어떤 믹서로도 비비기가 잘된다. 대부분의 경우 슬러리 제품은 다른 콘크리트 재료의 투입 전이나 투입 중에 투입되는 것이 일반적이지만, 극히 드물게 마지막으로 콘크리트에 투입되는 경우도 있다.

2.3.4 비비기

균질한 실리카퓸 콘크리트를 제조하기 위해서는 비비기 과정이 중요하다. 핵심 사항은 실리카퓸이 콘크리트에 균질하게 골고루 분산되게 하는 것이다. 적절한 비비기를 통하여 실리카퓸의 좋은 분산 상태가 유지될 수 있다. 비비기 시간은 일반 콘크리트의 비비기 시간보다 다소 길게 유지되어야 한다. 특히, 과립형 실리카퓸의 경우는 양호한 분산 상태를 얻기 위해 분말형이나 슬러리형보다 비비기 시간이 더 길게 소요된다. 또한, 트럭믹서를 이용하는 경우 실리카퓸의 사용량이 많고 물-결합재비가 낮을 때는 콘크리트의 균질성을 좋게 하기 위하여 트럭믹서로 비비게 될 콘크리트의 양을 줄일 필요가 있다. 벌크형이나 포대형의 실리카퓸 콘크리트를 비비는 과정에서 다음과 같은 사항들에 유의해야 한다.

(1) 트럭믹서에는 과적하지 말아야 한다. 트럭믹서의 비비기 용량은 드럼체적의 63%이다. 중앙집중식 레미콘 공장에서도 때로는 실리카퓸 콘크리트의 추가 비비기가 필요할 수도 있기 때문에 과부하 억제는 중요한 문제이다.

(2) 콘크리트가 트럭 내에 있게 되면 콘크리트 비비기는 레미콘 트럭에서 규정 혼합속도로 최소 100회전 동안 혼합한다.

(3) 너무 큰 슬럼프로 비비기를 하지 않는 것이 좋다. 초기 슬럼프가 약 50~100 mm일 때 실리카퓸이 콘크리트 내에서 가장 잘 분산된다. 슬럼프를 낮게 하면 비비기 동안 뭉쳐진 실리카퓸이나 시멘트 덩어리를 제거하는 데 도움이 된다. 슬럼프 값이 큰 경우에는 겉보기에 비비기가 잘 이루어진 것 같이 보이지만 콘크리트 내부에서 실리카퓸 혹은 시멘트 볼이 부서지지 않고 그대로 남아 있게 된다. 우선 콘크리트를 적당히 비비면 슬럼프의 조정이 필요하다. 즉 화학혼화제를 투입한 후 추가로 30회전을 더 비빈다.

(4) 비비기 작업이 진행되는 동안 투입량을 증가시키거나 추가 비비기를 줄일 수도 있다. 콘크리트의 제조 결과를 토대로 투입량을 조절하게 된다.

제3장 실리카퓸 콘크리트의 품질

3.1 일반사항

실리카퓸의 영향은 콘크리트의 종류에 따라 다소 다를 수 있지만 크게 두 가지로 나타나는데, 그것은 점성이 크게 증가하고 블리딩이 거의 생기지 않는다는 점이다. 실리카퓸을 첨가하면 굳지 않은 콘크리트의 점착력이 증가한다. 그 결과 실리카퓸이 없는 콘크리트보다 재료 분리가 감소한다. 콘크리트 시공 시 증가된 점착력을 보완하기 위해서는 일반 콘크리트보다 슬럼프 값을 40~50 mm 크게 하여 시공하는 것이 좋다. 콘크리트가 경화되기 전에는 중력의 영향으로 시멘트나 골재와 같은 무거운 입자들이 침강하면서 콘크리트에 블리딩이 발생한다. 콘크리트 타설 시 고체 입자들이 침강하는 경향이 있는데, 이러한 성분들이 침강할 때 상대적으로 가벼운 물은 상향의 힘을 받게 된다. 따라서 물의 일부분은 골재와 철근 주위에 모이거나 콘크리트 표면에 도달하게 된다. 물의 이동은 모세관 통로에 의해 이루어지는데, 물이 증발하고 나면 이러한 통로는 염소이온과 같은 유해성 물질이 내부로 침투할 수 있는 통로가 되기도 한다. 그러므로 이러한 통로들을 감소시키거나 막아 콘크리트의 내구성을 향상시킬 수 있다. 실리카퓸 콘크리트에서는 실리카퓸의 표면적이 넓고 실리카퓸 콘크리트의 함수량이 매우 적기 때문에 콘크리트의 블리딩이 거의 없거나 적다. 실리카퓸의 사용량이 약 5 %에 이르면 콘크리트는 블리딩을 거의 일으키지 않는다. 연구결과에 의하면 약 5~10 %의 실리카퓸을 콘크리트에 혼입할 때 콘크리트의 블리딩은 거의 발생하지 않는다고 알려져 있다. 내구성 증진 이외에도 블리딩이 감소하면 콘크리트 표면의 마무리 작업이 효율적으로 수행될 수 있다. 콘크리트 타설 시에는 블리딩이 끝나고 콘크리트 표면의 블리딩 수가 증발할 때까지 마무리 작업을 기다려야 하는 문제점이 있다. 결국 좋은 콘크리트를 만들기 위해서는 콘크리트 타설을 시작해서 표면 마무리가 끝날 때까지 수 시간이 걸릴 수도 있다. 즉 블리딩 수가 제거되면서 콘크리트의 강도가 발현되기 시작할 때 최종 표면 마무리 작업이 시작되는 것이다. 그러나 실리카퓸 콘크리트에서는 블리딩이 거의 없기 때문에 콘크리트가 현장에 도착한 후 약 30분 만에 콘크리트 타설, 마무리, 양생작업을 연속적으로 수행할 수 있다. 이런 과정을 통상 '일괄 또는 급속 마무리'라고 일컫는다. 그러므로 실리카퓸 콘크리트를 교량 바닥판, 건물이나 지하 박스 구조의 슬래브 시공에 사용하면 내구성과 시공성의 이점을 살릴 수 있다. 단위시멘트량 100 kg/m^3 정도의 빈배합 콘크리트를 제조할 때 실리카퓸의 사용량을 10 % 이하로 하면 소요수량이 감소한다. 반면에 단위시멘트량이 250 kgf/m^3 이상인 콘크리트에서는 감수제를 사용하지 않을 경우 소요수량이 증가한다. 실리카퓸을 사용하는 콘크리트에는 실리카퓸의 양이 증가함에 따라 소요수량이 증가하게 된다. 소요수량 증가의 주요원인은 실리카퓸의 높은 비표면적 때문이다. 강도와 투수성을 개선하기 위해 실리카퓸 콘크리트에 감수제나 고성능 감수제가 사용되어야 한다. 고성능 감수제의 사용량은 실리카퓸의 양과 사용되는 감수제의 종류에 따라 다르다. 10 % 실리카퓸을 사용한 콘크리트 배합 시에는 결합재 질량 0.2~0.4%의 리그닌계 감수제를 사용하는 것이 좋다.

3.2 워커빌리티

실리카퓸을 사용한 굳지 않은 콘크리트는 실리카퓸을 사용하지 않은 콘크리트의 경우보다 점성이 높기 때문에 재료분리가 덜 발생하게 된다. 실리카퓸의 양이 증가함에 따라 콘크리트의 점성은 크게 증가할 것이다. 현장 조사자료에 의하면 일반 포틀랜드 시멘트 콘크리트와 동일한 워커빌리티를 얻기 위해 실리카퓸 콘크리트의 초기 슬럼프를 대략 5 cm 정도 더 크게 배합해야 한다. 실리카퓸의 사용량에 따라 동일한 슬럼프 값을 얻는 데 필요한 진동기의 진동시간이 증가하게 된다.

3.3 슬럼프 손실

실리카퓸은 비표면적이 크고 수산화칼슘과 단시간에 반응하여 겔 상태의 물질을 생성하기 때문에 시간에 따른 슬럼프 손실이 발생할 수 있다. 따라서 실리카퓸을 사용할 때는 단위수량을 증가시키거나 고성능 감수제를 첨가하여 슬럼프 손실을 방지하는 것이 좋다. 슬럼프 손실을 방지하기 위해서는 단위수량을 증가시키는 것보다 감수제나 고성능 감수제를 사용하는 경우가 더 일반적이므로 콘크리트에 실리카퓸을 사용할 때는 첨가하는 화학혼화제의 양과 특성에 따라 슬럼프 성질이 좌우된다고 할 수 있다. 연구결과에 의하면 실리카퓸 10%를 치환할 경우 초기 슬럼프를 5cm 이상 증가시켜야 하는 경우도 있다. 그러나 실리카퓸 사용 자체가 콘크리트 배합의 슬럼프 손실률을 변화시킨다고는 할 수 없다. 실리카퓸이 감수제나 고성능 감수제와 함께 사용되면 이 감수제로 인하여 슬럼프 손실에 변화가 일어나게 된다. 특히 혼화제를 바꾸면 슬럼프 손실률이 바뀌게 된다.

3.4 재료분리

실리카퓸의 높은 분말도와 고성능 감수제 사용 등으로 인하여 실리카퓸 콘크리트는 재료분리가 발생하지 않는다고 알려져 있다. 콘크리트의 재료분리는 주로 과도한 슬럼프, 부적절한 배합, 취급 불량, 장시간 진동 등에 의해 발생할 수 있는데, 비록 실리카퓸 콘크리트라고 하더라도 이러한 취급방법이나 진동조건 등에 의해 재료분리가 발생할 수도 있다.

3.5 소성수축

실리카퓸 콘크리트는 블리딩이 현저하게 감소한다. 이 영향의 주요 원인은 물이 접촉할 실리카퓸의 비표면적이 크게 증가하고, 실제로 블리딩을 일으킬 자유수가 거의 남지 않기 때문이다. 부수적으로 실리카퓸은 굳지 않은 콘크리트의 공극을 물리적으로 메워 블리딩을 감소시킨다. 일반적으로 소성수축은 콘크리트 표면으로부터 물이 증발하는 속도가 블리딩에 의하여 표면으로 물이 공급속도를 초과하거나 물이 다른 곳으로 손실될 때 발생하는데, 실리카퓸 콘크리트에서는 블리딩이 현저히 감소하므로 소성수축에 의한 균열이 발생할 가능성이 높아진다. 따라서 타설된 굳지 않은 실리카퓸 콘크리트로부터 초기 수분 손실을 막기 위하여 세심한 주의가 필요하다. 특히, 콘크리트의 높은 온도, 낮은 습도, 낮은 대기온도, 강한 바람과 같이 빠른 표면건조가 촉진될 수 있는 조건에서는 특별한 주의가 필요하다. 그러므로 굳지 않은 실리카퓸 콘크리트의 타설 중 및 타설 직후에는 수분 증발을 막기 위하여 수분 분무, 증발 억제제, 바람막이 설치, 콘크리트 타설 후 즉시 양생 시행 등과 같은 표면보호 처리가 필요하다.

3.6 공기량

실리카퓸은 비표면적이 크고 미연소된 탄소가 함유되어 있어서 AE제가 흡착되는 경향이 있으며, 이 때문에 콘크리트 내의 공기연행이 어렵게 되는 경우가 있다. 따라서 실리카퓸의 치환율이 증가함에 따라 콘크리트 내의 소요 공기량을 확보하기 위해 필요한 AE제의 양도 증가하게 된다.

3.7 강도

3.7.1 강도발현

실리카퓸 콘크리트의 강도발현에 관한 연구는 30년이 넘도록 계속되어 왔다. 고성능 콘크리트를 제조하기 위한 핵심재료로 실리카퓸을 포함한 시멘트계 복합재료는 일반적으로 100 MPa 이상의 압축강도를 발현할 수 있다. 콘크리트를 제조할 때 실리카퓸을 사용하면 동일한 배합설계 변수를 유지하면서 큰 폭의 압축강도를 증가시킬 수 있고, 소요 설계강도를 얻기 위한 소요 시멘트량을 줄일 수 있고, 경화된 콘크리트의 내구성을 증진시킬 수 있는 특성이 있다. 재령 28일 강도가 동일한 일반 콘크리트와 실리카퓸 콘크리트를 20 ℃ 온도조건에서 습윤양생할 때의 강도발현 과정을 검토해 보면 실리카퓸 콘크리트의 강도는 일반 콘크리트보다 다소 늦게 발현되는 경향이 있다. 이 경향은 실리카퓸의 양이 증가할수록, 온도가 낮을수록 더 뚜렷해진다. 그렇다고 해서 실리카퓸을 이용하여 조기강도를 발현시킬 수 없다는 것을 의미하지는 않는다. 그 이유는 물-결합재비가 동일할 때 실리카퓸 콘크리트의 재령 28일 강도 절댓값이 일반 콘크리트보다 매우 크기 때문이다. 고온 양생이나 촉진제를 사용하지 않더라도 실리카퓸 콘크리트의 조기강도가 얻어질 수 있음을 알 수 있다. 양생 초기에는 실리카퓸 미세입자의 충전 효과는 촉진제 역할을 하고, 감수제의 흡착 효과가 지연 효과를 보상하기 때문이다. 포졸란반응으로 생성되는 C-S-H는 시멘트의 수화반응으로 생기는 C-S-H와 비슷한 특성을 지니지만, 규산염 음이온의 평균길이가 더 길고 Ca/Si의 비율이 더 낮다. 이러한 두 종류의 C-S-H는 동시에 시멘트 풀에 존재하는데, 포졸란반응으로 생성된 C-S-H겔이 더 높은 강도를 나타낸다. 20 ℃ 조건에서는 재령 3일부터 28일 사이에 일반 콘크리트보다 실리카퓸이 강도발현에 더 많이 기여하게 된다. 실리카퓸 콘크리트의 강도 증가는 약 재령 3년까지 진행되지만 실제로는 재령 90일 이후 실리카퓸의 영향은 크지 않다. 실리카퓸 콘크리트의 조기강도를 얻으려면 증기양생이나 콘크리트를 보호할 수 있는 방법을 적용하는 것이 유리하다. 20 ℃ 양생조건에서 실리카퓸이 콘크리트의 강도발현에 미치는 영향은 결합재의 조건에 관계없이 거의 같다. 실리카퓸 콘크리트는 일반 콘크리트보다 강도발현면에서 양생온도에 민감한 편이다.

20 ℃ 미만의 양생온도에서 실리카퓸 콘크리트의 강도발현율은 다소 낮다. 28일간 5 ℃에서 양생하면 실리카퓸 콘크리트의 28일 강도가 보통 콘크리트 강도의 2/3 정도 밖에 안 될 수도 있지만, 40 ℃에서는 1일간만 양생하더라도 1일 강도가 보통 콘크리트의 강도보다 50 % 정도 더 크게 발현된다.

3.7.2 수화열발현

시멘트의 일부를 실리카퓸으로 치환하면 콘크리트 타설 후 재령 2일까지 발생한 수화열의 총량은 보통 콘크리트에 비하여 감소한다. 물-결합재비가 0.4이고 실리카퓸 사용량이 15 %인 실리카퓸 콘크리트에서는 실리카퓸이 콘크리트의 강도발현에는 크게 기여하지만 콘크리트의 온도상승에 미치는 영향은 무시할 정도이다. 실리카퓸은 높은 물시멘트비에서는 시멘트의 수화반응을 가속화하지만, 낮은 물시멘트비에서는 수화를 지연시킨다. 한편, 실리카퓸과 플라이애시를 동시에 사용하는 경우 실리카퓸의 반응성이 떨어지면서 전체 수화반응은 현저히 지연된다. 실리카퓸은 물-결합재비와 상관없이 수화반응이 시작된 후 처음 30분 정도까지와 수화반응 시작 후 8시간부터 24시간에 이르는 시간 동안 일률적으로 수화열 발생률을 증가시킨다. 그러나 수화반응이 시작된 후 약 30분 이후부터 8시간에 이르는 사이에는 물-결합재비에 따라 수화열 발생률이 다르게 나타난다. 물-결합재비가 낮을수록 수화반응은 지연되고 수화반응 잠복기는 늘어나게 된다. 물-결합재비가 35 % 정도일 때 1일에서 3일 동안 발생하는 총 수화열은 실리카퓸 치환의 영향을 거의 받지 않지만 1일 동안 발생하는 총 수화열은 물-결합재비의 증가에 따라 증가한다. 수화열 발생에 의해 온도균열이 우려되는 콘크리트 구조물에 실리카퓸을 사용하는 경우 35 % 이하의 낮은 물-결합재비를 적용하는 것이 바람직하다. 이러한 특성은 실리카퓸이 고강도 콘크리트를 제조하는 데 매우 중요한 역할을 한다. 일반 콘크리트에서는 고강도를 만들기 위하여 많은 시멘트량을 사용하면서 콘크리트의 온도상승 문제를 동반하기 때문이다. 따라서 고강도 콘크리트와 저열 콘크리트 조건이 동시에 필요한 현장에서는 실리카퓸이 중요한 역할을 할 수 있다.

3.8 내구성

3.8.1 투수성

콘크리트의 투수성은 액체나 증기가 매개체를 통하여 콘크리트 내부로 들어가는 속도의 측정값이다. 콘크리트의 투수성이 높아지면 내구성이 떨어지게 된다. 이러한 공극구조를 가지는 콘크리트에는 물로 인한 동결융해 손상, 화학물질 침투로 인한 시멘트 풀의 열화와 염소이온 침투에 의한 철근부식이 발생할 수 있다. 실리카퓸, 플라이애시 및 고로슬래그 등의 혼화재료는 콘크리트의 미세구조를 개선시키는 효과가 있으며, 이는 콘크리트의 투수성과 직접적인 연관이 있다. 특히, 모세관 공극의 크기가 감소하면 연속적인 공극이 불연속적인 공극으로 전환될 수 있는 가능성이 높아진다. 모세관공극은 투수성과 관련되어 있기 때문에 실리카퓸 첨가로 인하여 액체나 증기의 침투성이 감소되는 것이다. 실제로 실리카퓸을 사용할 경우 콘크리트의 투수계수를 약 1/10 정도까지 감소시킬 수 있다. 콘크리트의 투수성을 낮추기 위해서는 배합설계 시 콘크리트의 강도를 높이는 것보다 실리카퓸을 사용하는 것이 더 효과적일 수 있는데, 이는 실리카퓸이 시멘트 풀과 골재 사이의 천이영역 개선에 상당한 역할을 하기 때문이다. 특히 실리카퓸은 시멘트 풀보다는 콘크리트에 더 큰 영향이 있다고 알려져 있다. 이는 콘크리트의 성질이 경계면의 부착성과 투수성에 의해 영향을 받는다는 사실을 암시하는 것이다. 이와 같은 실리카퓸 콘크리트의 낮은 투수성과 이에 따른 장기 내구 특성의 개선은 실리카퓸이 콘크리트에 부여하는 가장 큰 장점 중의 하나라고 할 수 있다. 높은 투수성의 콘크리트에 비해 낮은 투수성의 콘크리트는 수분 통과량이 줄어든다. 실리카퓸의 양이 증가할수록 투수계수가 감소하고, 실리카퓸을 사용한 콘크리트의 투수계수가 일반 콘크리트의 경우보다 대폭 감소함을 알 수 있다. 실리카퓸을 사용하면 콘크리트의 투수성을 큰 폭으로 감소시킬 수 있음을 알 수 있다. 콘크리트의 투수성 감소는 콘크리트 구조물의 내구수명에 큰 영향을 미치게 된다. 실리카퓸을 사용하여 콘크리트의 투수성을 개선함으로써 염화물이온 등 외부의 유해물질에 의한 철근부식을 지연시키며, 황산염 침투를 비롯한 화학적 침식 및 알칼리 골재반응 등 내구성 측면에서 불리한 환경에 위치한 콘크리트의 내구수명 연장에 큰 역할을 기대할 수 있다.

3.8.2 동결융해 저항성과 박리 저항성

모든 콘크리트는 콘크리트 내 공극의 크기와 간격 등 미세공극 구조를 개선하면 동결될 물이 들어갈 큰 공극이 감소되기 때문에 동결융해 저항성을 증진시킬 수 있다. 이 저항성을 증진시키기 위하여 AE제(공기연행제)를 사용하거나 광물질 혼화재를 사용하게 된다. AE제를 사용하면 실리카퓸의 사용 여부에 관계없이 소요 공기량을 비교적 쉽게 얻을 수 있다. 감수제를 사용하지 않을 때는 실리카퓸 콘크리트의 AE제 소요량이 다소 증가하는 경향이 있으나, 플라이애시나 고로슬래그 미분말에 비하여 AE제 증가량이 적은 편이다. 실제로 물-결합재비가 낮고 실리카퓸 사용량이 많은 경우에는 연행공기를 실리카퓸 콘크리트에 투입하는 것이 어렵다. 따라서 실리카퓸 콘크리트의 동결융해 저항성을 증진시키려면 공극 간격이 임계공극간격계수 이하가 되도록 하는 것이 필요하다. 또한 콘크리트의 습윤이력도 동결융해 저항에 중요하다. 콘크리트의 포화도가 습윤이력을 나타내는 임계포화도를 초과하면 동결융해에 의하여 콘크리트의 열화가 급속히 발생하므로 이 한계치의 관리가 필요하다. 이 임계치는 콘크리트 배합비가 가지고 있는 고유의 재료 성질로서 이 임계값 이하에서는 열화가 늦어지게 된다. 이와 유사한 개념의 공극보호계수, 즉 미포화 공극체적/총 공극체적의 비가 0.25(무차원) 이상이면 큰 동결융해 저항성을 가질 수 있다. 실리카퓸의 사용량이 증가하면 공극보호계수 값이 증가한다. 실험자료에 의하면 실리카퓸의 대체량이 5 %를 초과하면서부터 박리 및 박락에 대한 저항성이 감소하며, 물-결합재비가 38 % 이상인 경우에서는 실리카퓸의 함량이 10 %를 초과하면서부터 유사한 결과를 보인다. 15 %의 실리카퓸을 사용하고 28일간 양생한 고강도 콘크리트의 내구성 지수는 95 %이고, 10~20 %의 실리카퓸, W/B비 35 %, 양생기간 14일인 실리카퓸 콘크리트의 내구성 지수는 90 %이다. 여기서 동결융해시험에 의한 내구성 지수가 40 % 이하이면 동결융해에 대한 저항성 문제가 있는 콘크리트이고, 40~60 % 이상이면 내구성이 좋은 콘크리트라고 할 수 있다. 최근에 개발된 고강도 및 고성능 콘크리트의 내구성 지수 목표치는 80 % 이상으로 택하고 있다. 동결융해시험의 동결융해의 반복횟수가 300회에 도달하거나 동탄성계수가 초기 동탄성계수의 60 %에 도달하면 시험이 종료되고, 이때의 반복횟수와 측정 동탄성계수를 이용하여 내구성 지수를 구한다.

$$\text{내구성 지수} = \frac{(\text{동해융해시험 종료 시의 동결융해 반복 횟수}) \times \left(\dfrac{\text{시험 종료 시의 동탄성 계수}}{\text{초기 동탄성 계수}}\right)}{300} \quad [\text{식 } 3.1]$$

실리카퓸의 함량에 상관없이 30 %까지 높은 동결융해저항성을 갖는다. 그러나 물-결합재비가 35~55 %의 범위인 경우에는 동결융해 저항성이 저하할 수 있으므로 동결융해 저항성을 얻기 위해서는 적당한 연행공기가 포함되어야 한다. 실리카퓸 사용량이 콘크리트의 내구성 지수에 미치는 영향으로 AE제를 사용한 콘크리트의 내구성이 사용하지 않은 경우보다 우수함을 알 수 있다. 그러나 물-결합재비가 낮은 경우 실리카퓸의 치환율 10 %까지는 일반 콘크리트와 거의 동일한 동결융해 저항성능을 나타내지만 실리카퓸 치환율이 20 %인 경우는 상대적으로 저하된 동결융해 저항성능을 나타내기도 한다. 실리카퓸 콘크리트의 표면박리 저항성은 일반 콘크리트에 비하여 우수한 편이지만 AE제와 실리카퓸을 사용하지 않으면 박리 저항성(체적 감소로 표시)이 극히 나쁜 반면에, AE제를 사용하거나 실리카퓸 사용량이 증가하면 박리 저항성이 증가함을 알 수 있다. 그러나 동결융해 반복횟수가 약 100회 정도 이하일 때는 박리 저항성이 일반 콘크리트에 비하여 우수하지만 100회를 초과하면 저항성이 급격히 저하한다. 종합적으로 고찰할 때 동결융해 저항성을 증진시키려면 AE제와 실리카퓸을 함께 사용하고, 시멘트와 실리카퓸의 품질관리, 배합비, 동결융해 전의 양생기간 등을 철저히 관리하는 것이 중요하다.

3.8.3 내화학성

콘크리트 구조는 염소이온, 황산염, 질산염, 산 등의 화학적 공격에 노출되는 경우가 많다. 실리카퓸 콘크리트는 콘크리트의 내화학성 증진, 알칼리-골재 반응성에 대한 저항성 증진을 통하여 콘크리트의 내구성을 크게 증진시킬 수 있다. 실리카퓸 콘크리트가 우수한 내화학적 저항성을 증진시키는 이유는 주로 (a) 콘크리트 내의 미세구조 개선으로 인한 유해이온의 전달률 감소, (b) 수용성 수산화칼슘 감소, (c) 알루미늄이나 알칼리 같은 외부 이온과의 작용을 증가시킬 수 있는 반응생성물 내의 시멘트/실리카퓸 비의 감소 등을 통하여 실리카퓸 콘크리트가 화학적 공격에 효과적인 역할을 하기 때문이다. 무기질 혼화재는 내황산염 능력 향상, 알칼리-실리카 반응 억제, 염화물 침투 억제, 그리고 침출과 백화 감소 등의 콘크리트 내구성 향상을 위해 자주 사용되고 있다. 플라이애시, 고로슬래그 미분말, 실리카퓸 등의 포졸란 재료는 콘크리트의 투수성을 감소시키고, 가용성 황산염의 침투를 억제하며, 수산화칼슘의 양을 감소시키고, 시멘트의 유효 C_3A 함유량을 감소시킨다. 광물질 혼화재를 사용할 경우 콘크리트 내의 가용성이 높은 수산화칼슘 감소, 미세공극 구조의 변화, 물-결합재비 감소를 통하여 콘크리트의 내구성이 증진되는 것이다. 가장 바람직한 혼화재료의 사용배합은 두 가지 이상의 혼화재료를 동시에 병행하여 사용하는 것이다. 일반적으로 실리카퓸과 고로슬래그 또는 실리카퓸과 플라이애시 등을 함께 사용하는 것이 가장 효과적이라고 할 수 있다. 실리카퓸은 콘크리트의 침투성을 감소시켜 황산이온이 콘크리트 내부로 이동하는 것을 억제한다. 일반적으로 실리카퓸의 치환율은 10% 전후이기 때문에 C_3A에 대한 희석 효과는 적을 것이다. 실리카퓸을 일반 포틀랜드시멘트와 병용한 경우에 내황산염 시멘트를 사용한 것과 유사한 정도까지 성능을 향상시킬 수 있다. 또한, 실리카퓸을 사용하면 황산염에 대한 저항성을 크게 증진시킬 수 있음을 알 수 있다.

3.8.4 알칼리 골재 반응

알칼리 실리카 반응성에 대한 실리카퓸의 장점은 실리카퓸이 공극용액 속의 알칼리와 빠르게 결합하여 C-S-H의 칼슘을 알칼리로 변환시킬 수 있다는 점이다. 그렇게 되면 용액 중의 알칼리 농도가 충분치 않기 때문에 골재 중의 반응성 실리카에 의한 해로운 팽창이 억제된다. 시멘트 중량의 10%를 실리카퓸으로 치환한 경우에 C-S-H 중의 알칼리량이 일반 포틀랜드시멘트의 경우보다 약 3배까지 증가한다. 실리카퓸을 사용한 콘크리트의 공극을 통한 알칼리 확산은 낮아지므로 용해된 알칼리가 반응성 골재의 위치로 이동하는 것을 제한받게 된다. 혼화재료들 중에서 실리카퓸이 콘크리트의 팽창을 조절하는 데 가장 효과적이다. 실리카퓸을 상당량 사용할 경우 모르타르의 팽창이 효과적으로 억제되는 반면, 상대적으로 적은 양의 실리카퓸을 사용하는 경우 오히려 팽창이 증가할 수도 있다. 그러므로 현장에서는 실리카퓸을 사용하기 전에 사용골재에 대한 반응성 실험을 수행하는 것이 필요하다. 실리카퓸의 사용량을 10% 정도로 하면 알칼리-골재반응에 대한 저항성을 크게 증진시킬 수 있다.

3.8.5 기타 화학물질에 대한 저항성

실리카퓸 콘크리트는 황산염, 동결융해 작용에 대한 저항성만을 증진시키는 것이 아니라 황산, 질산암모늄, 염산, 초산, 혼합염화물($CaCl_2$, $MgCl_2$, NaCl, $NaHCO_3$) 등의 화학적 물질에 대한 저항성도 우수하다. 하지만 어떤 경우라도 화학적 공격을 받기 전에 필요한 양생조건과 양생기간을 확보해야 실리카퓸 콘크리트의 내구성이 더 크게 증진될 수 있다.

3.8.6 침출과 백화현상

콘크리트의 백화현상은 콘크리트 표면이 건습반복 환경에 노출되거나 콘크리트 내부에서 콘크리트를 통하여 물이 스며 나올 때 발생하는 현상이다. 이 현상의 주요 원인은 콘크리트 표면 부근에서 탄산화하는 수산화칼슘이 침출하기 때문이다. 물론 백화현상은 미관의 문제이지만, 석회의 침출이 과도하게 생기면 콘크리트 내의 공극률이 증가하고 강도가 감소하여 내구성에 문제를 일으킬 수도 있다. 백화현상을 막기 위해서는 콘크리트 표면이 대기의 건습반복 환경에 노출되기 전에 또는 콘크리트 타설 후 수일간 상대습도 80~95 %의 조건에서 증기양생하는 것이 최선의 방법이다. 이렇게 하는 것은 콘크리트의 수화를 촉진시키고 콘크리트 공극 내에서 가능한 한 모든 탄산화가 일어나도록 유도하기 위한 것이다. 실리카퓸을 사용하면 최소 4일간만 습윤양생하여도 침출현상을 많이 감소시킬 수 있고, 만일 양생기간을 더 연장하면 자유 석회량을 감소시키고 콘크리트의 공극 구조를 보다 미세공극 구조로 만들어 실리카퓸의 효율성을 증진시킬 수 있다. 특히 수중콘크리트 구조에서는 석회의 침출이 더욱 심하고 해수 중에 놓이게 될 때는 콘크리트의 강도도 감소될 수 있으므로 양생에 특별히 주의할 필요가 있다.

3.9 내구수명 평가

부식 환경에 위치한 철근 콘크리트의 내구수명은 콘크리트 내에 있는 철근의 부식이 시작되는 시점을 기준으로 고려하게 된다. 철근 부식이 시작되는 시기는 철근을 보호하는 콘크리트의 피복두께와 품질에 의하여 결정된다. 실리카퓸이나 플라이애시 및 고로슬래그 미분말을 사용할 경우 콘크리트의 투수성과 염분침투 확산계수를 큰 폭으로 낮추어 줌으로써 피복 콘크리트의 품질을 크게 향상시킬 수 있다. 따라서 실리카퓸을 비롯한 혼화재료를 콘크리트에 사용하는 것은 염해 환경과 같은 철근 부식의 불리한 조건에서 구조물의 내구수명을 연장할 수 있는 좋은 방법인 것이다. 한편, 실리카퓸과 플라이애시를 함께 사용하는 경우 일정 깊이 이상의 피복두께가 확보된다면 철근 부식이 개시될 때까지의 도달기간을 큰 폭으로 연장할 수 있음을 알 수 있다.

3.9.1 콘크리트 구조물의 내구성 평가방법

콘크리트 구조물의 내구성을 평가하는 방법에는 여러 가지가 있지만 국토교통부 제정 콘크리트 표준시방서 내구성 편(KDS 14 20 60)에서 제시하는 내구성 평가방법을 사용하는 것이 가장 합리적이다. 콘크리트 표준시방서 내구성 편(KDS 14 20 60)에서는 염해, 탄산화, 동해, 화학적 침식, 알칼리-골재반응 등의 환경에 대하여 콘크리트 재료와 콘크리트 구조로 나누어 내구성을 평가하도록 제안하고 있다.

3.9.2 내구수명 평가법

해양 혹은 해안가에 위치한 콘크리트 구조물은 외부로부터 침투해오는 염분에 의해 철근 부식이 발생할 확률이 매우 높아진다. 이러한 경우 구조물의 목표 내구수명 동안 철근 부식을 방지하기 위하여 콘크리트에 실리카퓸 등의 혼화재를 사용하게 된다. 해안 지역은 내구적으로 매우 열악한 환경 조건이므로 실리카퓸과 플라이애시 또는 실리카퓸과 고로슬래그 미분말을 함께 사용하는 것이 철근 부식 방지에 효과적이다.

염해에 대한 내구수명은 혼화재료를 사용하는 각각의 경우에 대하여 부식을 유발하는 임계염화물 농도가 철근 위치에 축적되는 기간을 계산하여 평가하게 된다.

1) 염해를 받는 콘크리트 구조물의 내구성 평가방법

염해를 받는 콘크리트 구조물의 내구성을 평가하기 위해서는 요구되는 내구성능을 만족하는지 여부를 평가하고 확인한다. 우선, 구조물로써의 내구성을 평가한 후에 구조물 시공에 사용할 콘크리트에 대하여 재료로써의 내구성 평가를 하게 된다. 최종적으로 콘크리트의 구성 재료와 배합이 요구되는 내구성능을 만족하는지 여부를 평가한다.

(1) 콘크리트 구조물의 내구성 평가

염화물이온 침투에 의한 콘크리트 구조물의 내구성은 다음 식으로부터 평가한다.

$$\gamma_p C_d \leq \phi_k C_{\lim} \quad [식\ 3.2]$$

여기서, γ_p는 염해에 대한 환경계수(일반적으로 1.11)이고, ϕ_k는 염해에 대한 내구성 감소계수(일반적으로 0.86)이고, $C_{\lim}$는 철근 부식이 시작될 때의 임계염화물이온 농도(일반적으로 1.2 kgf/m^3)이고, C_d는 철근 위치에서 염화물이온 농도의 예측값이다. 염해에 대한 콘크리트 구조물의 내구성 평가를 위한 염화물이온 농도는 다음 식을 이용하여 구한다.

$$C_d - C_i = (C_o - C_i)(1 - erf(\frac{x}{\sqrt[2]{D_d^t}})) \quad [식\ 3.3]$$

여기서, C_d는 내구성을 평가하려는 위치 x(cm), 시간 t(year)에서 염화물이온 농도의 설계값(kgf/m^3)이고, C_i는 초기 염화물이온 농도이고, C_o는 표면 염화물이온 농도이며, erf는 오차함수, D_d는 염화물이온의 유효확산계수이고, 이를 구성하는 계수값으로 r_c는 콘크리트의 재료계수(일반적으로 1.0이 사용되며, 구조물의 표면부에서는 1.3)이며, D_k는 콘크리트 염화물이온 확산계수의 특성치(cm^2/year)를 나타낸다.

제4장 배 합

4.1 일반사항

실리카퓸은 대부분 고강도 콘크리트 구조나 고내구성 콘크리트 구조 건설에 사용된다. 대상 구조물의 요구 조건에 맞는 양호한 콘크리트를 생산하려면 적합한 배합설계가 이루어져야 하며, 이런 과정에서 다음 사항을 고려하는 것이 필요하다.

(1) 모든 구성 재료의 철저한 계량 관리
(2) 골재의 흡수량 관리
(3) 공기량 관리
(4) 염화물 성분을 가진 혼화제, 특히 촉진제의 사용 억제
(5) 한중 및 서중의 환경 조건 관리
(6) 양생방법의 관리

실리카퓸 콘크리트의 제조에는 시멘트, 골재, 물 외에 실리카퓸, 감수제가 필수적으로 사용되고, 때로는 고로슬래그 미분말이나 플라이애시, AE제가 함께 사용되는 경우도 있다. 배합설계에 의하여 결합재량과 물-결합재비가 결정된 후에는 결정된 값을

유지시켜야 하고, 실리카퓸 콘크리트에서는 워커빌리티 때문에 시멘트량이나 단위수량을 증가시키는 일은 없어야 한다. 물론 공사 중 부득이한 상황이 전개될 때는 반드시 배합설계를 다시 수행한 후에야 배합이 조정될 수 있다. 여러 자료에 따르면 실리카퓸을 사용하면 물-결합재비가 0.25 이하일 때도 120 MPa 이상의 콘크리트 강도를 얻을 수 있다고 보고되어 있다. 물이 부족하다고 느낄 때 배합설계에 의하여 감수제를 사용하거나 감수제와 고유동화제를 혼용하여도 된다. 여러 가지 혼화재료를 혼용하는 경우 감수제를 배합 초기에 투입하고, 고유동화제는 운반 시 또는 타설 전에 투입해도 된다. 콘크리트가 동결융해 환경에 노출될 가능성이 있는 경우는 실리카퓸 콘크리트에 AE제를 사용할 수도 있으나 배합실험에 의하여 AE제의 사용량과 감수제와의 영향 관계를 검증하여야 한다. 대부분의 실리카퓸은 콘크리트 성능을 개선하는 데 사용되는데, 주로 콘크리트의 고강도화나 침투성 저하를 위하여 사용된다. 실리카퓸을 이용하여 요구되는 콘크리트의 성질을 얻으려면 좋은 배합설계가 필요하다.

4.2 실리카퓸 시멘트의 치환율

고강도 콘크리트를 배합할 때는 일반적으로 355~565 kgf/m^{3}의 단위시멘트량, 시멘트의 5~15 % 정도를 실리카퓸으로 치환하는 것이 좋다. 이 콘크리트에서는 물-결합재비를 20 %까지 낮출 수 있다. 교량 바닥판, 플랜트의 바닥판, 주차장 바닥판과 같이 높은 내구성과 낮은 침투성이 요구되는 구조에는 단위시멘트량 324~390 kgf/m^{3}에 35~45 %의 물-결합재비를 사용하며, 실리카퓸의 치환율은 3.5~10 %의 범위로 사용된다. 결합재에 사용되는 실리카퓸의 치환율은 필요에 따라서 적정량의 플라이애시 또는 고로슬래그 미분말을 동시에 치환하여 3성분계 결합재를 사용하는 것이 바람직하다. 배합에 사용하는 시멘트는 KS F 5201(포틀랜드시멘트), 실리카퓸은 KS F 2567(콘크리트용 실리카퓸)에 적합한 재료이어야 한다.

[표 4.1] 콘크리트의 종류별 실리카퓸 사용량(SFA, 2005)

콘크리트 종류	실리카퓸 사용량(%)
일반 콘크리트	4~7
압송성 개선 콘크리트	2~3
자기충전 콘크리트	4~10
고강도 콘크리트	7~10
저투수성 콘크리트	7~10
수중 콘크리트	12~15
숏크리트	8~12

레올로지를 측정하기 위해 가장 많이 사용하는 방법은 유동곡선시험이다. 이는 회전축을 일정 수준의 회전속도(rotation speed)로 pre-shearing한 후 여러 단계로 회전속도를 감소시키면서 동시에 회전력(torque)과 각속도(angular velocity)를 측정하는 방법이다. 측정된 회전력과 각속도 관계를 다시 전단응력(shear stress)과 전단속도(shear velocity)로 환산한 후 점도(μ)와 항복응력(τ_0)을 산정한다.

이처럼 콘크리트의 레올로지를 측정함으로써 콘크리트 배합을 구성하는 특정 요소가 항복응력과 점도를 얼마만큼 변화시킬 수 있는지 정량적으로 파악할 수 있으며, 반대로 이들 영향인자를 조절함으로써 시공 조건에 적합한 품질을 갖는 콘크리트 배합을 설계할 수도 있다.

4.3 단위수량과 워커빌리티

일반적으로 실리카퓸을 사용할 경우 그 사용량에 따라 콘크리트의 사용수량이 달라진다. 배합수량은 감수제, AE제의 사용을 고려한 배합설계에 의해 결정되어야 한다. 물-결합재비를 결정할 때는 실리카퓸의 전체량이 총 결합재의 양에 포함된다. 실리카퓸 콘크리트는 점성이 크기 때문에 일반 콘크리트의 워커빌리티와 상이하다. 실리카퓸을 사용할 경우에는 동일한 워커빌리티를 얻기 위하여 일반 콘크리트보다 슬럼프값을 4~5 cm 더 크게 하는 것이 일반적이지만, 대상 구조물용 콘크리트의 시공성을 좋게 하고 표면 마무리를 용이하게 할 수 있도록 감수제를 사용하여 슬럼프값을 정해야 한다. 특히 교량 바닥판, 기타 바닥판 슬래브용으로 실리카퓸 콘크리트를 타설할 경우에는 슬래브 경사면의 영향을 고려하는 것이 필요하다.

4.4 실리카퓸과 광물질 혼화재(플라이애시, 고로슬래그 미분말) 혼용

실리카퓸을 플라이애시나 고로슬래그 미분말과 함께 혼합하여 콘크리트에 사용할 경우에는 여러 차례의 실험실 시험을 통하여 배합설계를 해야 한다. 이런 경우에는 다음과 같은 6단계 배합과정을 수행할 것을 추천한다.

(1) 시험해야 할 변수들의 범위 결정 : 물-결합재비, 시멘트량, 플라이애시나 고로슬래그 미분말의 치환율, 실리카퓸의 사용범위 등
(2) 시험변수들의 평가를 위한 다양한 시험용 배합비 설정
(3) 실험실 시험용 배합비를 준비하고 굳지 않은 콘크리트와 굳은 콘크리트의 필요한 성질 선정
(4) 대상구조의 요구조건을 경제적으로 만족시킬 수 있는 콘크리트 배합비를 결정하기 위한 시험자료 분석
(5) 선정된 적정 배합비의 성능 확인
(6) 현장 생산시험

4.5 배합설계

1) 제1단계 : 대상 구조물의 요구사항 결정

대상 구조물의 요구사항 결정 시 다음의 사항을 고려한다.

(1) 압축강도
(2) 굵은골재의 최대치수를 포함한 골재 요구사항

(3) 최대 함수량

(4) 결합재량

(5) 플라이애시, 고로슬래그 미분말, 실리카퓸의 치환율

(6) 슬럼프

(7) 염해 환경

(8) 동결융해 환경(소요 공기량)

(9) 화학적 노출 환경

(10) 마모 저항성

(11) 온도 제약 조건

2) 제2단계 : 시공사와의 협의

콘크리트 시공 초기에 시공회사로부터 필요한 정보를 입수함으로써 시간과 비용을 절감할 수 있다. 이 단계에서 고려할 사항은 다음과 같다.

(1) 특정 시공성에 대한 요구사항

(2) 타설 및 마무리 방법

(3) 굵은골재의 최대치수

(4) 슬럼프 요구 조건 : 실리카퓸 콘크리트에서는 슬럼프의 증가

(5) 혼화제의 사용 책임

3) 제3단계 : 초기 시험배합의 선택

4) 제4단계 : 공기량 조정

포화상태에 있으면서 동결융해에 노출될 가능성이 있는 실리카퓸 콘크리트에는 연행공기를 투입하는 것이 필요하다.

5) 제5단계 : 골재량 선정

건설현장에서 사용할 지역골재의 특성, 입도, 함수상태 등을 고려해야 한다.

(1) 콘크리트 1 m^3당의 전체 골재량을 계산한다. 필요의 품질을 얻기 위한 배합비를

먼저 결정한 후 산출량(배합표의 단위재료량을 근거로 계산한 콘크리트 체적)을 기준으로 배합을 조정하도록 한다.

(2) 현장재료로 적합한 잔골재율(굵은골재에 대한 잔골재의 무게비율)을 결정한다. 이 비율은 시방배합 도중에 언제든지 수정이 가능하다. 초기 잔골재율은 각종 시방서나 기존 배합 예들을 참고하여 결정한다.

6) 제6단계 : 시방배합 설계

시방배합 설계방법은 일반 콘크리트와 유사하다. 그러나 실험실에서 믹서가 너무 작거나 비효율적일 때는 소요의 품질을 얻기 어려울 수 있으므로 실험실의 시방배합을 정할 때는 다음과 같은 사항을 고려할 필요가 있다.

(1) 실리카퓸은 매우 미세한 분말로 구성된 것이다. 실리카퓸의 입자 크기는 포틀랜드시멘트 입자 지름의 약 1/100 정도이다. 고성능 콘크리트를 생산할 때 사용하는 실리카퓸의 양은 시멘트 질량의 4~15 %이다. 따라서 실리카퓸 사용량은 다른 성분에 비하여 매우 적으므로 콘크리트의 소요 특성을 고려하여 정확한 사용량으로 다음의 두 사항을 고려하여 정한다.

① 과립형 실리카퓸을 사용할 때는 완전히 분쇄해야 한다.
② 실리카퓸은 콘크리트 내에 균일하게 분포되어야 한다.

실험실에서 콘크리트를 비빌 때는 적절한 시기에 실리카퓸을 계량한 후 비비기를 하는 것이 중요하다. 모든 구성재료를 믹서에 넣은 후 3분간 비비기한 후 3분간 정지하였다가 2분간 다시 비비기를 행한다. 실리카퓸을 골고루 분산시키고 덩어리가 생기지 않도록 하기에는 추천된 비비기 시간이 충분하지 않기 때문에 다음에서 제시하는 방법을 활용하는 것도 좋은 방법이다.

① 실리카퓸은 항상 굵은골재와 약간의 물과 함께 투입한다. 실리카퓸 단독으로 또는 먼저 계량한 후 믹서에 넣으면 덩어리가 되거나 상부가 굳어질 수 있다. 실리카퓸, 굵은골재, 물을 함께 넣은 후 1분 30초 비비기를 한다.

② 포틀랜드시멘트와 플라이애시나 고로슬래그 미분말 같은 다른 결합재를 넣은 후 추가로 1분 30초 동안 더 비빈다.

③ 잔골재를 투입하고 배칭 마지막 단계에 화학혼화제를 씻어내리기 위해 남은 물을 사용한다. 5분 동안 비비고, 3분 대기, 다시 5분 동안 비빈다. 실제 비비는 시간은 믹서의 특성에 따라 변할 수 있다. 완전한 분산과 효율적 비비기에 문제가 생길 것 같으면 비비기 시간을 연장하는 것이 좋다. 이런 과정을 따르면 실험실의 결과가 실제의 현장 생산과 유사하게 될 것이다.

(2) 트럭믹서나 중앙집중식 플랜트믹서가 실리카퓸 덩어리를 분쇄하여 분산시키는데 효율적이다. 그러나 믹서 혼합능력에 따라 배치 크기의 제한이 있음을 주의해야 한다.
(3) 최대 허용수량을 기준으로 콘크리트를 계량하고 비빈다. 이 최대 허용수량으로도 소요 워커빌리티를 얻을 수 없을 때는 혼화제를 투입하는 것이 좋다.
(4) 굳지 않은 콘크리트의 특성을 검토 후에 소요 워커빌리티, 공기량, 그리고 다른 특성들을 얻기 위하여 조정한다. 굳지 않은 콘크리트의 필요 성질을 얻은 후에는 경화 콘크리트 시험용 공시체를 제작한다.
(5) 경화된 콘크리트의 시험결과에 따라 필요한 배합비를 조정한다. 이때 경우에 따라서는 추가적인 실험실 배합설계를 수행해야 할 경우가 있거나 현장 생산시험을 하게 된다.

7) 제7단계 : 현장 생산 시험 및 배합 조정

실험실 시험을 통하여 얻어진 성질은 언제나 현장 대량생산의 것과 약간의 차이가 있을 수 있다. 특히 혼화제의 사용량에 문제가 생길 수 있다. 물론 현장 대량생산체제 아래에서 콘크리트를 제조하는 것이 문제점을 없앨 수 있는 최상책이기는 하다. 소량의 배치보다는 많은 양의 배치로 해당 구조물에 대한 대푯값이 될 수 있도록 콘크리트를 생산하는 것이 좋다. 이는 많은 양의 시멘트 풀이 트럭믹서의 드럼이나 중앙집중식 믹서드럼 내부를 코팅하게 되므로 주의가 필요하다. 따라서 시험생산을 할 때는 트럭믹서나 중앙집중식 믹서에서 최소 3 m^3의 콘크리트를 생산해야 한다. 생산되는 콘크리트가 해당 구조물의 굳지 않은 콘크리트와 굳은 콘크리트의 요구조건에 적합한가를 결정하기 위한 시험이 필요하다. 실험실 내에서 배합설계의 조율이 잘 되었을 때는 시험 생산단계에서 중대한 조정은 없겠지만, 현장에서 실험실 결과와 동일하지 않은 결과가 나타나면 전 과정을 신중히 재검토할 필요가 있다.

제5장 콘크리트의 운반, 타설 및 양생

5.1 일반사항

실리카퓸 콘크리트가 철근의 부식방지, 고강도, 내마모성, 화학적 저항성 등의 장점을 가지고 있기는 하지만, 이러한 성능은 적절한 시공이 이루어졌을 때 얻을 수 있는 것이다. 이를 위해 실리카퓸 콘크리트 타설 전에 적절한 인력, 관련 기기장치(진동기, 진동 마감기, 전동 분무기), 적당한 양생제가 모두 갖춰져야 한다. 또한, 실리카퓸 콘크리트를 시공할 때는 타설, 마무리 및 양생 공정이 연속적으로 이루어지는 것이 바람직하다. 실리카퓸은 150~225 mm의 높은 슬럼프를 가지고 타설되어야 하고, 타설 시 높은 슬럼프를 유지하기 위해 고성능 감수제를 현장에서 추가 투입하는 것이 바람직하다. 실리카퓸은 점성이 매우 높으며 높은 슬럼프에서도 재료분리에 대한 저항성을 유지한다. 실리카퓸 콘크리트가 유동성을 갖고 있더라도 높은 슬럼프에서도 압밀이 잘될 수 있도록 진동 다지기를 하는 것이 필요하다. 슬래브 시공이나 덧씌우기를 할 때는 진동 마감기 및 표면 처리기를 사용하는 것이 필수적이다. 실리카퓸 콘크리트와 일반 콘크리트의 시공 과정은 큰 차이가 없다. 그러나 타설 후 표면마무리 과정과 양생 과정은 일반 콘크리트의 경우와 다르므로 세심한 주의가 필요하다. 실리카퓸 콘크리트의 경우 표면 수분 손실이 발생하기 쉬우므로 일반 콘크리트의 경우와 같은 방법으로 시공할 때는 표면균열이 발생하기 쉽다. 그러나 원칙을 지키면서 제대로 마무리 작업이 이루어진다면 좋은 품질의 콘크리트를 시공할 수 있게 된다. 모든 면에서 실리카퓸 콘크리트 시공은 일반 콘크리트의 시공과 다를 바 없다. 그러나 콘크리트의 마감은 예외이다. 현장에서 시공사와 콘크리트 공급자 사이의 협조가 매우 중요하다. 현장에서 굳지 않은 콘크리트를 약간만 조정하더라도 콘크리트 타설과 마무리를 위한 노력을 상당히 줄일 수 있다.

(1) 일반 콘크리트의 경우보다 슬럼프를 약 40~50 mm 더 높게 한다. 슬럼프를 증가시키면 실리카퓸 콘크리트의 점착력을 더 좋게 할 수 있다. 일반 콘크리트는 슬럼프가 매우 클 때 재료분리가 발생하지만 40~50 mm 정도 슬럼프를 증가시키는 실리카퓸 콘크리트에서는 재료분리를 걱정할 필요가 없다. 주어진 시공조건 내에서 가능한 한 가장 큰 슬럼프로 작업하는 것이 좋다. 슬럼프가 커질수록 작업성과 마무리 작업이 쉬워지기 때문이다. 교량 바닥판이나 슬래브의 경사면을 시공할 경우에는 경사방향으로 콘크리트가 흘러내리지 않도록 슬럼프를 높여서 시공한다.

(2) 실리카퓸과 화학적 혼화제의 상호작용으로 발생할 수 있는 점성 때문에 콘크리트의 마무리 작업이 지장받을 수 있다. 이러한 경우 사용된 혼화제를 다른 혼화제로 바꾸거나, 약 1/3의 유동화제를 다른 종류의 감수제로 대체하는 방법을 적용해도 된다. 이와 같이 혼화제들을 혼합하여 생산해도 좋은 콘크리트를 만드는 데는 지장이 없다. 또한 잔골재와 굵은골재의 비를 수정하여 점성을 약간 감소시킬 수도 있다. 때로는 잔골재의 공급처를 바꾸기만 하여도 점성이 줄어들 수 있다. 실리카퓸 콘크리트 시공 시에는 일반 콘크리트를 시공하는 경우와 다른 사항들을 고려해야 하므로 사전에 이러한 사항들에 대하여 발주처, 설계사, 시공사, 콘크리트 공급자 등 공사에 관련된 모든 관계자 간에 충분한 협의가 이루어져야 한다. 이러한 타설 전 협의는 실리카퓸 콘크리트 시공 시에 매우 중요하다. 시공에 관련된 모든 관련자 간의 협의가 이루어졌을 때 실리카퓸 콘크리트의 운송, 타설, 마무리, 양생, 보호 등 시공 전반의 과정을 계획하고, 시공 중 발생할 수 있는 문제들에 대하여 사전에 대책을 수립할 수 있기 때문이다. 협의과정에서는 콘크리트의 배합, 운반과정, 마무리 및 양생방법, 양생 후

보호방법 등이 반드시 논의되어야 한다. 또한, 협의가 진행되는 동시에 시험타설이 반드시 수행되어야 한다. 시험타설 결과를 바탕으로 협의과정에서 논의되는 항목들을 해결할 수 있기 때문이다. 시험타설 동안에 날씨나 타설 조건 등에 따라 실제적이고 구체적인 조건들을 조정한다. 이러한 과정들을 거친 후 시험타설 결과가 만족스럽다면 현장시공에 착수한다. 다음은 시험타설 시 고려해야 할 사항들이다.

① 실리카퓸을 포함한 시멘트, 골재, 혼화제 등의 재료들이 기초물성 시험을 통하여 소요 성능을 갖추고 있는지 확인한다.

② 양호한 배합을 위하여 최적의 시멘트량과 실리카퓸의 양을 정한다.

③ 콘크리트의 특성을 파악하기 위한 시험으로서 슬럼프, 공기량, 압축강도, 마모저항성, 염분침투 저항성, 동결융해 저항성, 박리 및 박락 저항성 등 여러 가지 시험 중에 필요한 것을 선택하여 공사의 요구조건에 맞도록 시험한다.

④ 시험타설 시에 타설, 마무리, 양생, 보호방법 및 공법 등을 검증한다.

5.2 운반

실리카퓸 콘크리트의 운반은 콘크리트의 재료 분리 및 품질 변화가 최대한 적게 하는 방법을 강구해야 한다. 실리카퓸 콘크리트는 일반 콘크리트와 동일한 방법으로 플랜트 현장까지 운반한다. 또한, 운반 시간 경과에 따른 굳지 않은 콘크리트의 성상변화도 일반 콘크리트와 거의 동일하다고 봐도 된다. 단, 실리카퓸 콘크리트를 펌프로 운반하는 경우는 콘크리트의 배합설계 시 펌프 압송성에 대해 검토하고, 필요에 따라 W/B를 증대시켜 미분량 또는 단위 결합재량을 늘리는 등의 적절한 조치를 강구해 압송 중에 폐색 등의 문제가 발생하지 않도록 주의해야 한다.

5.3 타설 및 다지기

현재까지의 많은 연구와 시공 사례로부터 실리카퓸 콘크리트 타설과 다지기 방법은 일반 콘크리트의 경우와 큰 차이를 나타내지 않는 것으로 밝혀졌다. 다만, 대부분의 실리카퓸 콘크리트가 펌프에 의해 타설되기 때문에 펌프에 의한 영향을 고려해야 하고, 다지기는 콘크리트의 품질과 직접적인 연관성이 있으므로 실리카퓸 콘크리트의 다지기에 대해서는 세심한 주의가 필요하다. 펌프에 의해 콘크리트가 타설될 때는 공기량의 손실에 주의해야 한다. 물론 실리카퓸 콘크리트의 경우도 일반 콘크리트의 공기량 손실과 비교하여 큰 차이가 없다. 타설 시 펌프를 통과하면서 발생하는 공기량의 손실이 1~2%에 이른다면 적절하다고 할 수 있지만, 이보다 더 큰 공기량의 손실을 보인다면 콘크리트 내 공기량을 증가시키거나 펌프시설 및 절차를 검토해야 할 필요가 있다. 필요한 경우 펌프와 공기량 손실에 대해서는 ACI 304.2R 등의 시방서를 참고하여 대책을 강구할 것을 추천한다. 실리카퓸 콘크리트의 다지기에는 진동다짐기를 이용하는 것이 바람직하다. 실리카퓸 콘크리트는 높은 점착력을 가지고 있으므로 타설 중의 시공성을 위해 기포를 생성시키기도 하는데, 이는 다시 적절한 다지기를 통하여 제거될 수 있다.

5.4 양생

실리카퓸 콘크리트의 장점을 최대한 살리기 위해서는 적절한 양생과정이 필수적으로 행해져야 한다. 실리카퓸 콘크리트는 일반 콘크리트에 비하여 수분의 함량이 적고 물-결합재비가 낮기 때문에 양생에 더욱 세심한 주의가 필요하다. 가장 중요한 사항은 요구되는 콘크리트의 성능이 발현되기까지 필요한 함수상태를 유지하는 것이다. 건조수축 및 소성수축을 방지하기 위하여 습윤양생할 경우에는 젖은 양생포나 양생용 덮개를 사용하며, 마무리 후 양생이 시작되기 전까지는 수분 분사나 증발 지연제를 사용한다. 양생포나 양생용 덮개는 설치 후 최소한 3일 이상 유지되어야 한다. 실리카퓸 콘크리트의 양생과정에서는 고분자 물질로 만든 양생제가 효과적일 수 있다. 이러한 양생제를 사용할 때는 균일한 피막 형성과 빠른 시공을 위하여 분말 스프레이를 사용하는 것이 유리하다. 양생제는 소성수축 균열을 방지하기 위하여 표면 마무리 후 즉각 적용되어야 한다. 넓은 바닥판과 같이 건조되기 쉬운 환경에서 실리카퓸 콘크리트를 시공하는 경우와 구조부재에 실리카퓸 콘크리트를 시공하는 경우에는 각기 다른 양생 방법이 적용될 수 있다. 기둥이나 보와 같은 구조부재는 상대적으로 작은 부피 표면적비 때문에 표면건조가 적게 발생하게 되며, 이에 따라 건조수축 및 소성수축 등의 표면 손상이 발생할 확률이 낮아진다. 미국의 실리카퓸 협회에서는 실리카퓸 콘크리트의 양생을 위하여 다음과 같은 사항들을 제안하고 있다.

(1) 비교적 면적이 넓고 평평한 곳에 실리카퓸 콘크리트를 사용할 경우에는 최소 7일 이상의 습윤양생 과정이 필요하다.
(2) 구조부재에 실리카퓸 콘크리트가 사용되는 경우에는 균일한 표면의 보호를 위하여 양생제를 사용하는 것이 바람직하다. 다만, 부착이 문제가 될 수 있는 표면에서는 양생 후에 양생제를 반드시 제거해야 한다.

실리카퓸 콘크리트의 양생과정에서 발생할 수 있는 대부분의 균열은 다음에 제시된 세 가지 단계를 따르면 제어할 수 있다.

① 소성상태를 유지하는 동안에는 실리카퓸 콘크리트의 보호
  (i) 수분 분사
  (ii) 증발 지연제 사용
  (iii) 플라스틱 시트로 보호
  (iv) 양생제 사용
② 가능한 빨리 실리카퓸 콘크리트의 양생 개시: 최소 7일 이상의 습윤양생
③ 습윤양생이 완전히 끝날 때까지 소성상태나 경화 실리카퓸 콘크리트의 건조 방지

제6장 품질관리 및 검사

6.1 실리카퓸 콘크리트의 품질관리 및 검사

현재 통용되고 있는 실리카퓸의 규격은 공급자의 권고사항에 따라 건설공사의 요구조건에 맞도록 개발되었다. 따라서 콘크리트에 사용될 광물혼화재의 품질을 확인하기 위해서는 강열감량, 함수량, 분말도, 요구수량, 반응지수(activity index)를 평가하는 것이 필수적이다. 국내의 경우 국산 및 외산 실리카퓸을 모두 사용하고 있는 실정이므로 국가 산업기준에 근거한 품질 요구조건을 항목별로 분류하면 다음과 같다.

1) 공기 연행량

실리카퓸 콘크리트 내에 연행시킨 소정의 공기량을 유지하기 위해서는 AE제 사용량을 늘리는 것이 필요하다. 실리카퓸 콘크리트에 필요한 AE제 사용량은 일반 콘크리트의 1.5~2배 정도이다. 일단 필요한 공기량이 생성된 후에는 실리카퓸 콘크리트와 일반 콘크리트의 공기량 유지과정은 거의 같다.

2) 믹서의 품질 균질성

필요한 경우 믹서의 품질 균질성 시험을 수행한다. 이 시험은 실험실 내 믹서보다는 애지테이터 믹서에 주로 적용된다. 시험항목은 공기 함유량, 슬럼프, 단위중량, 골재량, 압축강도 등을 포함하고 필요한 경우에는 염화물 함유량 시험을 수행할 수도 있다. 이러한 항목들에 대하여 생산된 콘크리트의 균질성을 판단하게 된다. 이러한 항목들은 콘크리트의 특성을 나타내는 중요한 인자들이지만, 콘크리트 내에 실리카퓸이 고르게 잘 분산되었는지를 나타내는 것은 아니다. 적절한 배합이 되었는지를 결정하기 위해서는 수행된 시험들의 모든 결과를 면밀히 검토해야 한다.

3) 콘크리트 온도

적은 물-결합재비를 가진 실리카퓸 콘크리트를 생산할 때는 콘크리트의 온도관리가 문제될 수 있다. 단위수량이 너무 적으면 콘크리트의 온도를 낮추는 데 필요한 냉각수가 부족할 수도 있다. 엄격한 콘크리트 온도관리가 필요할 때는 얼음조각이나 액화질소를 사용하기도 한다.

4) 계량

믹서 내에 다른 재료가 없다고 해서 실리카퓸을 비어 있는 믹서드럼에 먼저 투입해서는 안 된다. 실리카퓸이 믹서드럼 내의 물이나 모르타르와 접촉하게 되면 비비는 동안에도 풀어지지 않는 실리카퓸 볼이 생성되기 때문이다.

5) 비비기

실리카퓸 콘크리트는 일반 콘크리트에 비하여 비비기 시간이 더 길게 필요하다. 또한 비비기 시간을 줄이기 위하여 한꺼번에 모든 콘크리트의 재료를 투입하여 비비기 하는 것은 바람직하지 않다.

6) 되비비기

실리카퓸 콘크리트를 사용하여 시공할 경우에 레미콘 트럭이 현장에 도착하면 한 번 더 되비비기를 수행하는 것이 바람직하다. 이때 되비비기는 일반 혼합속도로 30회 정도면 충분하다.

7) 믹서 세척

실리카퓸 콘크리트는 일반 콘크리트에 비하여 점성이 높기 때문에 비비기 후 믹서를 세척할 때 어려움을 겪을 수 있다. 그래서 단순히 물로 세척하는 방법 외에 추가적인 세척방법이 필요하다.

[표 6.1] 실리카퓸의 국가 규격 내 요구 조건 비교

항목			요구 조건						
			KS	JIS	JSCE	ASTM	ASSHTO	prEN	CSA
화학적 조건	이산화규소(SiO_2), %		≥85	≥85	≥85	≥85	≥85	≥85	≥85
	삼산화황(SO_3), %		≤3.0	≤3.0	≤3.0	≤3.0	≤3.0	≤2.0	≤1.0
	강열감량, %		≤5.0	≤5.0	≤5.0	≤6.0	≤7.0	≤4.0	≤6.0
	산화마그네슘(MgO), %		≤5.0	≤5.0	≤5.0				
	염화물, %		≤0.3	≤0.1	≤0.3			≤0.3	
	유리산화칼슘, %			≤1.0				≤1.0	
	유리규소, %			≤0.4				≤0.4	
	건조 실리카퓸의 함수량, %			≤3.0	≤3.0		≤3.0		≤3.0
	유용성 알칼리, %					≤1.5	≤1.5		
물리적 조건	비표면적(BET법), m^2/gf		≥15	≥15	≥10	15~30		15~35	
	입도	325번 체(45㎛)에 남는 양, %	≤5.0			≤10			≤10
		500번 체에 남는 양, %					0		
	활성도 지수(%)	7일	≥95	≥95	≥95	≥85	≥100		≥85
		28일		≥105	≥105		≥100	≥100	
	안정성, % (오토클레이브 팽창 혹은 수축)						≤0.8		≤0.2
	균질성, % (평균과의 최대편차)	밀도				≤5	≤5		≤5
		입도							
	28일에서 모르타르 봉의 건조수축 증가량, %					≤0.1	≤0.03		≤0.03
	시멘트 알칼리와의 반응성, % (14일에서 모르타르 팽창 감소)					≥80	≥80		≥80
	14일에서 황산 팽창, %					≤0.05	≤0.05		

제7장

특별한 고려가 필요한 콘크리트

7.1 고강도 및 조기강도 구조물

실리카퓸은 시멘트 풀과 골재 사이의 천이영역을 충전시키고 포졸란반응에 의하여 공극을 밀실하게 함으로써 콘크리트 강도를 향상시키는 재료이다. 잠재 수경성을 가지고 있는 무기계 혼화재인 고로슬래그 미분말이나 플라이애시도 단위수량을 적절히 감소시키면 치밀한 조직이 형성되기 때문에 어느 정도의 고강도 콘크리트 생산은 가능하다. 그러나 이들 혼화재는 조기강도 확보가 어렵고 고강도 콘크리트의 강도범위 제약을 가지고 있다. 실리카퓸의 경우는 비표면적이 매우 높기 때문에 시멘트에 포함되어 있는 알라이트(C_3S)의 수화를 촉진시키는 역할을 한다. 따라서 높은 알라이트 함량을 갖는 포틀랜드시멘트는 실리카퓸으로 인하여 포졸란반응을 하는 데 유용한 수산화칼슘이 더 많이 생성되어 조기강도 확보상에 문제가 없다. 이에 대한 시공 사례 중 하나로 미국 테네시 주에서 보수·시공한 Landen B. Hassler Memorial 교량을 들 수 있다. 이 교량은 교통량이 많기 때문에 보수 후 빠른 재개통이 필요하였으며, 콘크리트의 조기강도 확보에 대한 이점 때문에 교량 바닥판을 덧씌우기할 재료로 실리카퓸 콘크리트를 사용하였다. 재령 3일의 설계강도는 31 MPa이었으나 실제 강도는 36 MPa이었다. 조기강도 확보를 위하여 실리카퓸을 사용한 예로는 1987년 미국 매사추세츠 주의 Sandwich에 있는 철교의 파일 두부를 보수하기 위하여 실리카퓸 콘크리트를 사용한 경우이다. 재령 3일의 설계강도는 34 MPa이었으나 날씨가 춥고 조류 때문에 콘크리트 부재의 일부가 차가운 바닷물에 잠겼음에도 실제 강도는 41 MPa에 이르렀다. 포틀랜드시멘트에 플라이애시나 고로슬래그 미분말을 첨가한 콘크리트에 실리카퓸을 첨가하였을 경우에 조기강도 상승은 물론이고 포졸란의 조합이 이들 무기계 혼화재를 단독으로 사용하였을 때보다 7~28일 재령에서 모두 높은 강도발현이 나타나며 장기재령에서도 강도 상승 효과가 있는 것으로 보고되고 있다. 이는 실리카퓸의 초기강도 확보와 두 포졸란계 재료의 조합에 따른 상승작용으로 콘크리트 내부에 존재하는 공극이 더욱 감소되어 강도 증진 효과가 발생하였고, 장기강도 증진효과는 초기 재령에 포졸란반응이 다소 느린 고로슬래그 미분말이나 플라이애시가 작용하여 강도가 상승된 것으로 연구·발표되고 있다. 해외에서 발주된 초고층 건축물 시공에 국내 건설회사가 실리카퓸을 사용한 실적이 있다. 반면에 국내 초고층 건축구조물 건축에 철골구조가 도입되는 경우가 많아 실리카퓸 이용이 활발하지 못한 실정이다. 실제로 경제적인 측면을 고려할 때, 철골구조 건설에 소요되는 공사비에 비해 실리카퓸을 이용한 초고강도 콘크리트는 훨씬 저렴할 뿐만 아니라 이미 외국에서도 많은 시공실적을 보이고 있어 이에 대한 품질이나 기술상의 문제는 없다. 앞으로 구조물이 점차 대형화되고 초고층화되는 추세에 비추어 볼 때, 우리나라에서도 초고강도 콘크리트 건축물이나 교량 등의 수요는 증가할 것이며, 구조물의 경량화와 단면 및 철근량 감소와 내구성 확보 등을 감안하면 실리카퓸 등과 같은 혼화재의 적절한 사용이 필수적이다.

7.2 내마모성 수중 구조물

실리카퓸 콘크리트는 마모손실과 침식에 대한 저항성이 높은 것으로 여러 연구자에 의해 발표되었다. 마모에 대한 저항성 측면에서 실리카퓸 콘크리트가 사용된 첫 번째 경우는 미국 펜실베이니아 서부에 위치한 Kinzua댐인데, 수중구조물의 콘크리트 바닥 슬래브가 마모와 침식에 의하여 심하게 손상되어 있는 상태였다. 광범위한 실험을 통하여 이에 대한 보수재료로 실리카퓸 콘크리트가 선정되어 사용하게 되었으며, 이때 설계기준 강도는 86 MPa이었다. 실리카퓸 18 %를 사용한 콘크리트의 28일 재령 강도는 90 MPa가 넘었으며, 3년 후의 강도는 110 MPa를 초과한 것으로 알려져 있다. 보수한 지 7년이 경과한 후 잠수부를 통하여 수중구조물의 바닥판을 조사한 결과, 이전에 사용된 일반 콘크리트에서 보였던 것과는 달리 상당히 적은 양의 마모 및 침식이 발생한 것으로 보고되었다. 그 외에도 미국 알래스카 주에 위치한 Lowell Creek 터널은 심한 마모와 침식으로 손상된 상태였는데, 72 MPa의 실리카퓸 콘크리트로 터널 내부를 보수한 후 1년 만에 마모의 정도를 측정한 결과는 기존 콘크리트보다 훨씬 손상 정도가 적은 것으로 보고되었다. 1984년 아이다호에 위치한 American Falls댐 배수로 보수공사, 뉴멕시코 주의 Farmington 근교에 위치한 Navajo댐의 배수로 측벽 부분의 복구공사, 1987년 마모와 침식 억제를 위해 Erie호 해안선 부분을 따라 실리카퓸 콘크리트를 적용한 경우 모두 내마모성에 대해 기존 콘크리트보다는 우수한 것으로 보고되고 있다. 국내에서는 이러한 목적으로 실리카퓸을 사용한 실적이 없으며, 60년대에 급성장한 산업의 발달과 함께 축조된 수공구조물이 점차 노후화되고 있어 이에 대한 내마모성 확보를 위해 실리카퓸이 우수한 보수재료로 활용될 때가 곧 오리라 기대한다.

7.3 내화학성을 요하는 화학공장

실리카퓸의 높은 분말도로 인하여 실리카퓸 콘크리트의 내부조직이 치밀해지고 투수성이 감소되어 각종 화학물질에 대하여 높은 저항성을 갖는다는 것은 여러 학자에 의해 이미 입증된 사실이다. 실리카퓸을 사용한 것만으로 화학적 침식으로 인한 콘크리트 열화를 완전히 제거하지는 못하지만, 구조물의 내구연한을 늘리거나 적어도 보수에 필요한 시간은 상당히 연장시킬 수 있다. 국내에는 그 사용실적이 없으나 외국의 예를 살펴보면, 1986년 미국 캘리포니아 주 Death Valley에 위치한 Borax사 화학공장 바닥구조물에 실리카퓸 콘크리트를 적용하였다. 실리카퓸 콘크리트를 적용한 결과 이 바닥 슬래브는 장시간 5%의 황산과 붕산에 노출되었으나 1989년 점검을 실시할 당시만 하여도 콘크리트 바닥은 적절한 성능을 보여주고 있다고 보고되고 있다. 또 다른 예로서 미국 뉴욕 Dunkirk에 위치한 Redwing사 공장은 유기산에 항상 노출되어 있고 사용된 토마토 처리 공정을 위하여 기계로 바닥을 청소해야 하는 상황에서 바닥 슬래브에 실리카퓸 콘크리트를 적용한 결과 이 바닥구조물 역시 만족할 만한 성능을 보였다고 보고되고 있다. 또한, 오하이오 주 콜럼버스에 위치한 Union Carbide에는 실리카퓸 콘크리트로 1.8 m 직경의 프리캐스트를 제조하여 지하 화학 저장탱크를 조립하였다고 한다.

7.4 원자력발전소 격납고와 폐기물 저장시설

실리카퓸 콘크리트의 투수성 감소와 치밀한 구조는 방사능을 차폐하기 위한 원자력 발전소의 격납구조나 중저준위 원전폐기물 저장시설 건설에 유용하게 활용될 수 있다. 실리카퓸이 고형폐기물 매립을 목적으로 사용된 사례로는 유럽에서 실리카퓸 콘크리트로 프리캐스트 챔버를 건설한 사례가 있고, 미국 오하이오 주 콜럼버스 시에 화학물질 저장탱크용으로 실리카퓸 콘크리트를 사용한 실적이 있다. 원자력 발전소의 방사능 차폐용으로 사용한 사례는 1986년 캐나다 온타리오에 있는 원자력 발전소에서 발생한 폐기물의 저장시설 건설에 실리카퓸 콘크리트를 사용하였으며, 현재까지도 문제가 없는 것으로 보고되고 있다. 국내에서는 실리카퓸을 사용하여 강도 100 MPa 이상의 콘크리트로 중저준위 폐기물 저장용기를 개발한 바 있다. 국내의 경우도 원자력 발전소에 전력 공급 의존도가 높아서 원자력 발전소의 건설과 폐기물 처리장 및 저장시설 건설에 실리카퓸을 적극 활용해야 할 것이다.

7.5 해양 및 항만구조물

염소이온이 많은 환경에 노출된 콘크리트 구조물이 열화에 저항하기 위한 가장 적절한 방법은 실리카퓸을 콘크리트에 사용하는 것이라 할 수 있다. 염소이온 침투에 대한 실리카퓸 콘크리트의 저항성을 평가하기 위해 여러 학자에 의해 매우 많은 측정이 수행되어 왔으며, 모든 경우에 일반 포틀랜드시멘트를 사용한 콘크리트보다는 실리카퓸 콘크리트가 월등히 염소이온 침투속도를 줄일 수 있다고 보고하고 있다. 염소이온 침투에 대한 저항성은 일반 콘크리트와 마찬가지로 실리카퓸 콘크리트의 양생방법과 양생시간에 의존한다고 알려져 있다. 침투성 감소는 수화 정도에 비례하게 된다. 대기 온도가 시멘트의 수화속도에 큰 영향을 주므로 동절기에 타설된 콘크리트는 적당히 양생될 때까지 염소이온의 침투에 대한 저항성을 가지지 못한다. 실리카퓸의 효과는 이미 방청제로 활용되고 있는 질산칼슘과 혼용하여 사용할 경우, 1차적으로 염분의 침투를 감소시켜 주고 염분이 이미 철근에 도달하였을 때에는 질산칼슘이 부식을 억제해 주는 역할을 담당하게 되어 완벽한 방청 효과가 나타나게 된다. 국외의 경우에는 해안에 인접한 콘크리트 구조나 해중 및 지중 콘크리트 구조물에 이미 실리카퓸 콘크리트를 사용하여 염소이온 투과 저항성을 증진시키고 있다. 콘크리트 구조의 내구성을 확보하기 위하여 덴마크에서는 해중터널, 발전소구조, 북해유전 platform 건설에, 미국에서는 동부의 해안구조물 건설에 실리카퓸을 사용한 현장타설 콘크리트와 precast 공장제품 콘크리트를 이용한 실적이 있다. Great Salt Lake를 횡단하는 3개의 철도교량, 덴마크의 Lolland와 Falsten 섬을 연결하는 수중터널, 노르웨이 Oslofjord 해저타널, 노르웨이 서부 Norwave 발전소 일부 시설 등이 실리카퓸 콘크리트를 사용하여 시공한

예라 할 수 있다. 특히, 미국은 해안 구조물에 실리카퓸 콘크리트를 사용하는 것이 매우 활성화되어 있다. 플로리다 주의 교통국에서는 이전까지 사용되었던 일반 콘크리트보다 철근의 부식에 대해 월등한 저항성을 보여주는 실리카퓸 콘크리트 말뚝을 만들어 잔교의 교각으로 사용하였고, 앨라배마 주에서는 해수에 직접 노출된 Perdido Pass 교의 일부에 실리카퓸 콘크리트를 적용하였다. 또한, 메인 주 교통국 역시 실리카퓸 콘크리트를 교량과 부두 건설에 적용하였으며, 뉴저지 주에서는 해안 연안을 따라 프리캐스트 실리카퓸 콘크리트 벽체를 축조하였다. 3면이 바다로 둘러싸여 있는 우리나라의 경우는 과거에 해수와 관련된 공사에 단지 5종 시멘트만을 사용하였을 뿐이고, 항만공사나 해안 구조물 건설에 실리카퓸 콘크리트 사용에 대한 고려는 거의 없었다. 일본에서는 해안 및 항만공사에 사용하지 않는 것으로 보고되고 있다. 이런 점을 감안할 때 이미 외국에서 실리카퓸을 이용한 시공 실적과 5종 시멘트에 실리카퓸을 혼합하여 사용할 경우 콘크리트의 성능이 향상되었다는 연구결과에 근거할 때 해안 구조물의 내구연한 연장이나 해수와 접하거나 해안지중에 건설되는 구조물의 공사에 실리카퓸 콘크리트 사용이 적극 검토되어야 할 것이다.

7.6 그라우팅재

국내에서 사용되고 있는 그라우팅재는 대부분 팽창재, 시멘트, 물을 적당히 혼합한 혼합물의 수화반응에 따라 에트링가이트 또는 수산화칼슘을 만들면서 콘크리트를 팽창시키는 재료들이다. 그라우팅용 팽창재의 종류로는 무수 칼슘설퍼알루미네이트계와 산화칼슘의 수화반응 시 팽창하는 효과를 이용한 석회계 팽창재가 가장 많이 사용되고 있다. 실리카퓸을 그라우팅재에 사용한 외국의 사례로는 1985년 미국 볼티모어에서 포스트텐션 PS강재 정착을 위해 포틀랜드시멘트, 실리카퓸, 물, 감수제로 구성된 주입재가 쉬스관 내에 주입되었고, 그 결과는 이전의 실리카퓸을 사용하지 않은 주입재보다 주입이 훨씬 용이하였으며, 내구수명도 더욱 긴 것으로 보고되었다. 또한, 1987년 미국 버지니아 주 Fairfax에 위치한 King 고속도로 옹벽에 시공한 tie-back anchor의 부식방지를 위하여 주입재에 20 %의 실리카퓸이 적용된 바가 있다.

7.7 도로포장 및 덧씌우기

실리카퓸 콘크리트는 골재와 시멘트 풀 사이의 계면 부착력을 증진시키고 강도를 증진시켜 내마모성을 향상시키기 때문에 콘크리트 도로포장 및 덧씌우기에 활용될 수 있다. 국내의 경우에는 실리카퓸 활용이 없었으나 외국에서는 교량 바닥판의 보수재료로 사용하여 염분의 침투를 억제하고, 표면의 내마모성을 증진시키며, 기초 구조물과의 부착력 향상을 위해 실리카퓸을 적용한 예가 많다. 1984년 10월 오하이오 주에서 최초로 교량 바닥판의 덧씌우기에 실리카퓸 콘크리트를 적용한 것을 비롯하여 미국의 여러 주에서 이미 100개가 넘는 교량 바닥판의 덧씌우기로 실리카퓸 콘크리트가 사용되었다. 또한, 덴마크에서도 Aalborg에 위치한 시멘트 공장의 트럭 중량 계량대 표면을 실리카퓸 콘크리트로 시공하여 아직까지도 좋은 성능을 보이고 있다고 보고하고 있다. 문헌조사에 따르면 미국에서는 최소한 8곳의 교량 바닥판 전체 혹은 접속 슬래브에 실리카퓸 콘크리트를 적용하였으며, 노르웨이에서도 바닥판 전체를 실리카퓸 콘크리트로 시공하는 것은 이미 보편화되었다. 특히, 노르웨이의 경우는 미끄럼 방지 목적으로 사용되고 있는 스파이크가 달린 타이어에 의해 도로포장의 마모가 심한 편인데, 이 실리카퓸을 사용한 콘크리트를 적용함으로써 도로포장의 수명을 연장할 수 있었다고 보고되고 있다. 국내에서도 동절기의 제설작업에 많은 양의 염화칼슘을 포설한다. 해빙기에 염분으로 인해 발생된 도로포장 손상을 보수하거나 덧씌우기 하기 위해 적지 않은 경비를 지출하고 있다. 따라서 실리카퓸 콘크리트를 적용함으로써 시공당시에는 재료비 상승으로 공사비가 다소 증가할 수도 있으나 구조물의 사용연한을 연장시킨다는 차원에서 실리카퓸 콘크리트 사용을 적극 검토할 필요가 있다.

7.8 보수 / 보강재

실리카퓸을 섬유보강 콘크리트에 사용할 경우 시멘트 풀과 보강재 섬유 간의 부착력을 증진시켜 복합체의 물리적 성질을 개선한다는 연구가 종종 발표되고 있다. 각종 섬유와 콘크리트 사이의 부착강도를 측정한 연구결과에 따르면 실리카퓸을 사용하면 콘크리트와 섬유계면 간의 부착력이 증진되므로 열화된 구조물을 보강하거나 구조물의 인성을 증진시킬 목적으로 섬유와 실리카퓸을 콘크리트에 사용하여 성능 개선에 효과를 얻을 수 있다고 알려져 있다. 그 일례로 Bayasi와 Soroushian은 시멘트의 5~20 %를 실리카퓸으로 대체한 실리카퓸 콘크리트를 사용하여 일반 콘크리트보다 강섬유 보강콘크리트의 자기수축 억제효과가 증진되었다고 발표하였다. Ezeldin과 Balaguru는 인발시험을 통하여 일반 강도와 고강도의 강섬유 보강콘크리트 모두에서 강섬유 보강재의 부착력이 증진되는 것을 관찰하였다. 그 외에도 Krenchel과 Shah는 폴리프로필렌 섬유를 사용한 연구에서, Ohama 등은 탄소섬유에 대한 연구에서 실리카퓸과 감수제의 사용이 섬유의 분산에 매우 효과적이라고 발표하였다.

7.9 숏크리트

숏크리트는 높은 공기압력을 이용하여 콘크리트를 뿜어내는 방식으로 타설하는 콘크리트를 지칭하며, 지하공사, 암벽공사 및 터널공사에 사용되는 재료이다. 일반적으로 숏크리트는 콘크리트 재료(시멘트, 골재, 혼화재 등)에 작업효율 및 작업시간 단축을 위하여 급결제를 첨가해 사용하고 있으며, 국내의 경우 숏크리트 성능과 품질은 주로 급결제의 성능에 의존하고 있는 실정이다. 현재 국내에서 사용되고 있는 습식용 액상 급결제는 실리케이트계와 알루미네이트계로 구분되고 있는데, 실리케이트계는 응결시간이 짧아서 벽면에 시공되는 콘크리트가 암반과 같이 빨리 굳게 하는 특성이 있는 반면에 반발량이 많아지는 단점이 있다. 실리케이트계는 초기강도 발현 특성이 좋은 반면에 장기 재령 시 강도저하가 발생하는 경향이 있다. 실리케이트계 급결제는 강알칼리성이지만 알루미네이트계와 비교할 때 접촉에 의한 피부손상은 적은 편이지만 호흡을 통하여 들어올 경우 배출되지 않고 축적되는 경향이 있어 알루미네이트계 급결제보다 인체에 유해한 것으로 알려져 있다. 알루미네이트계는 벽체에 타설된 콘크리트가 완전히 굳은 상태가 아니므로 실리케이트계보다 잘 다져져 반발률도 낮고 장기재령 측면에서 우수하나 강알칼리성이므로 피부에 접촉할 경우 인체에 영향을 줄 수 있어 이에 대한 보호가 필요한 단점이 있다. 이와 같이 급결제는 시멘트 및 콘크리트의 응결시간을 단축시키고 초기강도 발현 및 부착성 증가를 위해 반드시 혼합되어야 하지만 분사 시 발생되는 분진이나 공기방울이 인체나 환경에 유해한 것으로 알려져 있으며, 또한 부착되지 않고 탈락되는 반발 폐자재량을 감소시켜야 하는 문제점을 가지고 있다. 이런 점에서 실리카퓸을 사용한 숏크리트는 반발량을 감소시키고 한 번에 타설 가능한 두께를 증가시킬 수 있으며, 또한 해안 혹은 물이 많은 지역에서 씻겨나가는 양을 감소시키고 습식법과 건식법 모두에 적용될 수 있는 장점이 있다. 외국에서의 주요 사용 사례를 살펴보면, 미국 펜실베이니아 주 Lynn호 주위에 실험적으로 습식 숏크리트가 시도된 바 있고, 캘리포니아 주 남부 Bad Creek에서 지하발전소와 이를 연결하는 터널공사에 실리카퓸과 강섬유를 사용한 숏크리트를 적용한 바 있다. 건식 숏크리트에 실리카퓸을 사용한 사례는 캐나다 서부에서 찾아 볼 수 있다. 밴쿠버의 Pier B-C 보수공사에서 항만부두, 파일두부, 방파제 보수에 실리카퓸 숏크리트를 사용하였고, British Columbia의 Fraser Canyon에 암석의 안정화 목적으로 사용하였으며, Westin Mine의 새로운 광산 개발에, 또 British Columbia Rodgers 도로 터널 기반공사에 실리카퓸과 강섬유를 첨가한 숏크리트를 사용하였다.

부록 I. 실리카퓸 관련 국내·외의 KS 규격과 기준

1. KS 규격

1) KS F 2567(한국) : 콘크리트용 실리카퓸

한국에서는 2003년 산업자원부 기술표준원에서 콘크리트에 사용되는 실리카퓸에 대한 KS 규격을 제정하였다. 콘크리트에 사용되는 실리카퓸을 재료취급 방법에 따라 분말상, 과립상, 슬러리형으로 구분하여 다음과 같이 각각의 품질을 규정하고 있다.

[부록 표 1.1] 실리카퓸의 제품 형태별 단위 질량

종류	단위질량(kg/m³)
분말상(undensified)	≤ 450
과립상(densified)	≤ 700
슬러리형(slurry)	1350~1450

① 분말상 및 과립상 실리카퓸의 품질

분말상 및 과립상 실리카퓸의 품질은 KS 규격이 제시하는 시험에 의하여 다음 표의 요구조건을 만족하는지를 확인해야 한다.

[부록 표 1.2] 실리카퓸의 품질에 대한 요구조건

품질		요구조건
비표면적(BET)		≥ 15(m^2/g)
활성도 지수(%)	재령 7일	≥ 95
이산화규소(SiO_2) (%)		≥ 85
산화마그네슘(MgO) (%)		≤ 5.0
삼산화황(SO_3) (%)		≤ 3.0
염화이온(Cl^-)		≤ 0.3
강열감량 (%)		≤ 5.0
45μm체에 남는 양		≤ 5.0

② 슬러리형 실리카퓸의 품질

슬러리형 실리카퓸 중의 고체 품질은 규격에서 제시하는 시험에 의하여 상기 표의 요구조건을 만족해야 한다. 또한 슬러리형 실리카퓸의 고형분은 제조자가 제시하는 값의 0.96~1.04배 범위를 넘어서는 안 된다.

2) KS F 4009(한국) : 레디믹스트 콘크리트

① 인용규격

KS F 2567 콘크리트용 실리카퓸

② 재료

레디믹스트 콘크리트에 사용하는 시멘트, 골재, 혼화재료는 그 산지(제조국, 도시 및 생산공장)를 표시하여 배합 보고서 또는 그 밖의 적절한 방법으로 구입자에게 알려야 한다.

③ 혼화재료 : 혼화재료는 다음에 따른다.

(i) 콘크리트에 사용되는 각종 혼화재료(혼화제, 혼화재)는 콘크리트 및 강재에 해로운 영향을 주지 않는 것이어야 한다. 다만, 혼화재료에 대하여 관련 KS 규격에 규정하고 있는 경우 그 규격에 적합한 것이어야 한다.

(ii) 콘크리트의 혼화재료는 종류가 많고, 그 사용 방법과 효과도 다양하기 때문에 품질과 사용실적을 잘 검토하여 콘크리트나 강재에 나쁜 영향을 미치지 않는 것을 선정해야 하며, KS 규격이 정하고 있는 혼화재료는 다음과 같다 : KS F 2560(콘크리트용 화학혼화제), KS F 2561(철근콘크리트용 방청제), KS F 2562(콘크리트용 팽창재), KS F 2563(콘크리트용 고로슬래그 미분말), KS F 2567(콘크리트용 실리카퓸), KS L 5405(플라이애시)

(iii) 혼화재료를 사용하는 경우에는 구입자의 승인을 얻어야 한다.

3) ASTM C 1240(미국) : Standard Specification for Silica Fume Used in Cementitious Mixtures

[부록 표 1.3] ASTM 규격

<table>
<tr><th colspan="3">항목</th><th colspan="2">요구조건</th></tr>
<tr><td rowspan="3">화학적 요구조건</td><td colspan="2">이산화규소(SiO_2)</td><td colspan="2">≥ 85</td></tr>
<tr><td colspan="2">삼산화황(SO_3),%</td><td colspan="2">≤ 3.0</td></tr>
<tr><td colspan="2">강열감량, %</td><td colspan="2">≤ 6.0</td></tr>
<tr><td>선택적 화학적 요구조건</td><td colspan="2">가용성 알칼리(Available alkalies), %</td><td colspan="2">≤ 1.5</td></tr>
<tr><td rowspan="4">물리적 요구조건</td><td colspan="2">입도(45mm체(No.325체)에 남는 양), %</td><td colspan="2">≤ 10</td></tr>
<tr><td colspan="2">활성도 지수(7일), %</td><td colspan="2">≥ 85</td></tr>
<tr><td rowspan="2">균질성(평균과의 최대편차), %</td><td>밀도</td><td colspan="2">≤ 5</td></tr>
<tr><td>입도</td><td colspan="2">≤ 0.1</td></tr>
<tr><td rowspan="6">선택적 물리적 요구조건</td><td colspan="2">28일에서 모르타르 봉의 건조수축 증가량, %</td><td colspan="2">≤ 0.1</td></tr>
<tr><td colspan="2">비표면적</td><td colspan="2">15,000 ~ 30,000 m^2/kg</td></tr>
<tr><td colspan="2">시멘트 알칼리와의 반응성
(14일에서 모르타르 팽창 감소), %</td><td colspan="2">≥ 80</td></tr>
<tr><td colspan="2" rowspan="3">황산 저항 팽창
(Sulfate resistance expansion)</td><td>일반 저항</td><td>6개월 ≤ 0.1%</td></tr>
<tr><td>높은 저항</td><td>6개월 ≤ 0.05%</td></tr>
<tr><td>매우 높은 저항</td><td>1년 ≤ 0.05%</td></tr>
</table>

4) CSA, A23.5(캐나다) : Standard for Supplementary Cementing Materials

[부록 표 1.4] ASTM 규격

<table>
<tr><th colspan="2">항목</th><th>요구조건</th></tr>
<tr><td rowspan="3">화학적 요구조건</td><td>이산화규소(SiO_2)</td><td>≥ 85</td></tr>
<tr><td>삼산화황(SO_3),%</td><td>≤ 1.0</td></tr>
<tr><td>강열감량, %</td><td>≤ 6.0</td></tr>
<tr><td>선택적 화학적 요구조건</td><td>수분함유량, %</td><td>≤ 3</td></tr>
<tr><td rowspan="2">물리적 요구조건</td><td>입도(45mm체(No.325체)에 남는 양), %</td><td>≤ 10</td></tr>
<tr><td>안정성(오토클레이브 팽창 혹은 수축), %</td><td>≤ 0.2</td></tr>
</table>

	활성도 지수(7일), %		≥ 85
	균질성(평균과의 최대편차), %	밀도	≤ 5
		입도	≤ 0.1
선택적 물리적 요구조건	건조수축 증가량, %		≤ 0.03
	시멘트 알칼리와의 반응성 (14일에서 모르타르 팽창 감소), %		≥ 80

5) prEN 13263(유럽) : Silica Fume for Concrete

[부록 표 1.5] 유럽 규격

항목		요구조건
비표면적(ISO 9277에 따른 질소흡착방법)		15,000~35,000m^2/kg
활성도 지수(%)	재령 28일	≥ 100
이산화규소(SiO_2)(%)		≥ 85
삼산화황(SO_3)(%)		≤ 2.0
염화이온(Cl^-)		≤ 0.3
강열감량(%)		≤ 4.0
유리산화칼슘(Free calcium oxide), %		≤ 1.0
유리규소(Free silicon), %		≤ 0.4

6) NS 3045(노르웨이) : Silica Fume for Concrete-Definitions and Requirements

[부록 표 1.6] 노르웨이 규격

항목		요구조건
비표면적(ISO 9277에 따른 질소흡착방법)		12,000m^2/kg
활성도 지수(%)	재령 28일	≥ 95
이산화규소(SiO_2)(%)		≥ 85
삼산화황(SO_3)(%)		≤ 2.0
염화이온(Cl^-)		≤ 0.1
강열감량(%)		≤ 5.0

7) NF P 18-502(프랑스) : Silica Fume for Concrete

[부록 표 1.7] 프랑스 규격

항목	요구조건
비표면적(ISO 9277에 따른 질소흡착방법)	20,000~35,000m^2/kg
밀도, kgf/m^3	2,100~2,300
이산화규소(SiO_2)(%)	≥ 85
삼산화황(SO_3)(%)	≤ 2.5
염화이온(Cl^-)	≤ 0.2
유리산화칼슘(Free calcium oxide), %	≤ 1.2
유리탄소(Free C), %	≤ 4
총 알칼리량	4
수분 함유량, %	≤ 1

8) AS 3582(호주) : Supplementary Cementitious Materials for Use with Portland Cement

[부록 표 1.8] 호주 규격

항목	요구조건
활성도 지수 (%)	Report
산화마그네슘(MgO), (%)	≤ 5.0
삼산화황(SO_3) (%)	≤ 3.0
염화이온(Cl^-)	Report
강열감량, %	≤ 6.0
수분함량, %	≤ 2

9) JIS A6207(일본) : Silica Fume for Use in Concrete

[부록 표 1.9] 일본 규격

항목		요구조건
비표면적(BET method)		$15m^2/g(=10,000m^2/kg)$
활성도 지수(%)	재령 7일	≥ 95
	재령 28일	≥ 105
이산화규소(SiO_2)(%)		≥ 85
산화마그네슘(MgO), %		≤ 5.0
유리산화칼슘(Free calcium oxide), %		≤ 1.0
유리규소(Free silicon), %		≤ 0.4
삼산화황(SO_3)(%)		≤ 3.0
염화이온(Cl^-)		≤ 0.1
강열감량(%)		≤ 5.0
흡습성 수분량, %		≤ 3.0

부록 2. 국산 실리카퓸과 기타 혼화재와의 실무 사례

본 절에서는 대한민국 실리카퓸 실무매뉴얼의 작성사항으로써 국산 페로실리콘 산업부산물 실리카퓸 및 1차 더스트 혼합 혼화재의 재료 특성 평가에 관한 사례 내용을 다루었으며, 각 부산물의 화학적 구성 성분에 따른 분석 결과를 다루고자 한다. 우선, X선 회절분석(X-Ray fluorescence ; XRF)을 통해 화학적 구성 성분에 대하여 정량화하였으며, 다음 표에서는 현재 국내의 페로실리콘 공장에서 생산 중인 일반 실리카퓸, 다수준 실리카퓸, 일반 실리카퓸 + 다수준 실리카퓸의 화학적 구성성분 시험 결과표를 제시하였다. 시험 결과로부터 다수준 실리카퓸의 SiO_2 함량의 경우 각각 96.8%, 90.4%, 96.4%로 변동폭이 존재하는 것일 뿐 전체 구성 성분 측면에서 일반 실리카퓸과 유사한 영역대를 가지는 것으로 판단된다. 다만, Cr_2O의 함량과 Fe_2O의 함량이 일부 상이하게 나타났으나 유해한 레벨은 아닌 것으로 판단된다(포스코건설 사내 기술보고서, 2015).

[부록 표 2.1] 일반 실리카퓸 vs 다수준 실리카퓸의 화학적 구성 성분 비교

	Na_2O	MgO	Al_2O_3	SiO_2	P_2O_5	SO_3	K_2O	CaO	Cr_2O_3	MnO	Fe_2O_3	NiO	ZnO
일반 실리카퓸	0.27	0.16	0.31	96.80	0.05	0.30	0.40	0.59	0.01	0.05	0.99	0.01	0.01
다수준 실리카퓸	–	0.20	0.53	90.40	0.02	3.96	0.65	1.00	0.02	0.05	2.94	0.02	0.02
일반 실리카퓸 + 다수준 실리카퓸	0.42	0.16	0.30	96.39	0.05	0.55	0.40	0.54	0.01	0.05	1.03	0.01	0.01

(※ 일반 실리카퓸 + 다수준 실리카퓸 = 66.6%, 일반 실리카퓸 + 33.3% 다수준 실리카퓸)

산업부산물을 활용한 콘크리트용 혼화재는 불순물의 함량이 기준치 이하이어야 한다. 특히 본 지침에 수록된 실리카퓸의 경우 생산공장이 해안가에 위치하므로 적재 시 해안으로부터 가까운 거리에 맞는 염화물이온 함유량 평가가 중요하다. 따라서 본 지침에서는 XRF를 활용하여 일반 실리카퓸, 다수준 실리카퓸, 일반 실리카퓸 + 다수순 실리카퓸

의 염화물이온 함유량을 정량화하였으며, 그 결과를 다음 표에 나타내었다. 현재 국내·외에서는 콘크리트용 혼화재에 대한 염화물이온 함유량에 대한 규정치는 없다. 그러나 일반적으로 콘크리트 내에서 철근부식을 일으킬 수 있다고 판단되는 부식임계염화물량을 1.2 kg/m^3 또는 결합재 대비 0.4 %로 규정하고 있다. 본 지침에서는 일반 실리카퓸, 다수준 실리카퓸, 일반 실리카퓸 + 다수준 실리카퓸의 염화물이온 함유량은 각각 0 %, 0.139 %, 0.042 %로 측정되었다. 앞서 밝힌 대로 생산공장의 지리적 위치로 인하여 일반 실리카퓸과 달리 염화물이온이 함유되었다고 판단된다. 그러나 통상적으로 혼합콘크리트 배합 시 적용되는 실리카퓸은 시공성 저하 및 알칼리-실리카반응 우려에 따라 전체 결합재 대비 최대 7 % 정도 활용된다. 본 지침에 활용된 배합에 적용하면 전체 결합재에 대한 염화물이온 함유량은 0.014 %로 콘크리트의 염해내구성에 대한 영향력은 거의 없다고 판단되지만 실리카퓸의 특성을 고려한 염화물 고정화 및 이동과 철근부식에 대한 추가 시험이 필요하다고 판단된다.

[부록 표2.2] XRF 분석을 통한 염화물이온 함유량 분석 결과

구분	Cl^-(wt%)
일반 실리카퓸	0.000
다수준 실리카퓸	0.139
일반 실리카퓸 + 다수준 실리카퓸	0.042

※ 분석내용 : X-ray fluorescence spectrometer(XRF)
※ 분석기기 : ZSX Primus II (Rigaku)
※ 분석내용 : MYLAR POLYPROPYLENE FILM

한편, 다음 그림에서는 국제공인시험기관에 의해 시험 실시된 국산 페로실리콘 산업부산물 실리카퓸 및 1차 더스트 혼합 혼화재를 활용한 혼합 콘크리트의 기초 물성 특성 및 내구성 시험결과표를 제시하였다. 시험에 사용된 배합은 P사에서 수행한 콘크리트 배합표를 기반으로 작성되었다. 우선적으로 기초 물성 특성시험 부분에서는 ① 휨강도 시험성능, ② 압축강도 시험성능, ③ 쪼갬인장 시험성능을 시험하였으며, 내구성 시험 부분에서는 ① 염화물 총 통과전하량 시험, ② 탄산화 깊이 측정 시험, ③ 동결융해 저항성 시험 등을 수행하였다(특허 10-17252840000).

the way to trust KCL

TEST REPORT

No :CT14-130679

6. Test Results

1) OPC

Test Item(s)	Unit	Test method	Test Results	Testing Environment
Flexural strength	N/㎟	(1)	5.9	(20±2) ℃, (65±20) % R.H.
Compressive strength 1	N/㎟	(2)	21.7	(20±2) ℃, (65±20) % R.H.
Compressive strength 2	N/㎟	(2)	28.4	(20±2) ℃, (65±20) % R.H.
Compressive strength 3	N/㎟	(2)	32.5	(20±2) ℃, (65±20) % R.H.
Splitting tensile strength	N/㎟	(3)	3.6	(20±2) ℃, (65±20) % R.H.
Resist chloride ion penetration	Coulombs	(4)	2 767	(20±2) ℃, (65±20) % R.H.
Carbonation depth(CO_2 5 %, 4 weeks)	mm	(5)	0.9	(20±2) ℃, (65±20) % R.H.
Resistance to rapid freezing and thawing (Relative dynamic modulus of elasticity after 200 cycles, Procedure A)	%	(6)	93	(20±2) ℃, (65±20) % R.H.

2) 5 % SiO_2 93 %(Silica fume)

Test Item(s)	Unit	Test method	Test Results	Testing Environment
Flexural strength	N/㎟	(1)	6.3	(20±2) ℃, (65±20) % R.H.
Compressive strength 1	N/㎟	(2)	34.1	(20±2) ℃, (65±20) % R.H.
Compressive strength 2	N/㎟	(2)	44.2	(20±2) ℃, (65±20) % R.H.
Compressive strength 3	N/㎟	(2)	51.6	(20±2) ℃, (65±20) % R.H.
Splitting tensile strength	N/㎟	(3)	3.8	(20±2) ℃, (65±20) % R.H.
Resist chloride ion penetration	Coulombs	(4)	669	(20±2) ℃, (65±20) % R.H.
Carbonation depth(CO_2 5 %, 4 weeks)	mm	(5)	0.3	(20±2) ℃, (65±20) % R.H.
Resistance to rapid freezing and thawing (Relative dynamic modulus of elasticity after 200 cycles, Procedure A)	%	(6)	97	(20±2) ℃, (65±20) % R.H.

3) 10 % SiO_2 93 %(Silica fume)

Test Item(s)	Unit	Test method	Test Results	Testing Environment
Flexural strength	N/㎟	(1)	6.5	(20±2) ℃, (65±20) % R.H.
Compressive strength 1	N/㎟	(2)	26.1	(20±2) ℃, (65±20) % R.H.
Compressive strength 2	N/㎟	(2)	36.1	(20±2) ℃, (65±20) % R.H.
Compressive strength 3	N/㎟	(2)	43.3	(20±2) ℃, (65±20) % R.H.
Splitting tensile strength	N/㎟	(3)	4.0	(20±2) ℃, (65±20) % R.H.
Resist chloride ion penetration	Coulombs	(4)	434	(20±2) ℃, (65±20) % R.H.
Carbonation depth(CO_2 5 %, 4 weeks)	mm	(5)	0.3	(20±2) ℃, (65±20) % R.H.

- Page 2 of 3 -   QP-20-01-08(3)

[부록 그림 2.1] 국제 공인시험 기관의 역학특성 시험 성적 의뢰서 본 내용

the way to trust KCL

TEST REPORT

No :CT14-130679

6. Test Results

Resistance to rapid freezing and thawing (Relative dynamic modulus of elasticity after 200 cycles, Procedure A)	%	(6)	98	(20±2) ℃, (65±20) % R.H.

4) 5 % SiO_2 85 %(Silicious cyclon dust)

Test Item(s)	Unit	Test method	Test Results	Testing Environment
Flexural strength	N/㎟	(1)	6.0	(20±2) ℃, (65±20) % R.H.
Compressive strength 1	N/㎟	(2)	22.1	(20±2) ℃, (65±20) % R.H.
Compressive strength 2	N/㎟	(2)	29.2	(20±2) ℃, (65±20) % R.H.
Compressive strength 3	N/㎟	(2)	33.6	(20±2) ℃, (65±20) % R.H.
Splitting tensile strength	N/㎟	(3)	3.7	(20±2) ℃, (65±20) % R.H.
Resist chloride ion penetration	Coulombs	(4)	1 772	(20±2) ℃, (65±20) % R.H.
Carbonation depth(CO_2 5 %, 4 weeks)	㎜	(5)	0.5	(20±2) ℃, (65±20) % R.H.
Resistance to rapid freezing and thawing (Relative dynamic modulus of elasticity after 200 cycles, Procedure A)	%	(6)	97	(20±2) ℃, (65±20) % R.H.

5) 10 % SiO_2 85 %(Silicious cyclon dust)

Test Item(s)	Unit	Test method	Test Results	Testing Environment
Flexural strength	N/㎟	(1)	6.0	(20±2) ℃, (65±20) % R.H.
Compressive strength 1	N/㎟	(2)	26.0	(20±2) ℃, (65±20) % R.H.
Compressive strength 2	N/㎟	(2)	35.8	(20±2) ℃, (65±20) % R.H.
Compressive strength 3	N/㎟	(2)	40.7	(20±2) ℃, (65±20) % R.H.
Splitting tensile strength	N/㎟	(3)	3.9	(20±2) ℃, (65±20) % R.H.
Resist chloride ion penetration	Coulombs	(4)	1 265	(20±2) ℃, (65±20) % R.H.
Carbonation depth(CO_2 5 %, 4 weeks)	㎜	(5)	0.5	(20±2) ℃, (65±20) % R.H.
Resistance to rapid freezing and thawing (Relative dynamic modulus of elasticity after 200 cycles, Procedure A)	%	(6)	97	(20±2) ℃, (65±20) % R.H.

* Test results for the made specimens by client
* Curing method : Water curing at (20±2) ℃
* Curing period : 2015. 1. 13 - 2015. 2. 9
* Compressive strength test date
  Compressive strength 1 : 2015. 1. 19
  Compressive strength 2 : 2015. 1. 26
  Compressive strength 3 : 2015. 2. 9

---- End of Report ----

- Page 3 of 3 - QP-20-01-08(3)

[부록 그림 2.2] 국제 공인시험 기관의 역학특성 시험 성적 의뢰서 본 내용

다음 그림은 국제 공인시험 기관의 압축강도 시험결과로써 일반 시멘트 대비 각각 다수준 실리카퓸(SD) 및 일반 실리카퓸(SF)을 시멘트 중량 대비로 치환하였을 때 압축강도 시험결과를 나타내었다. 여기서 주안점이 다수준 실리카퓸과 일반 실리카퓸의 상대 비교에 치중되어 있으므로 타설 후 콘크리트의 양생조건은 동일한 기간 조건으로 제시하였다(특허 10-17465180000). 즉, 그림에서와 같이 동일 치환율에 따른 혼합 콘크리트의 재령에 따른 압축강도는 초기 7일이나 28일이나 경미하게 증가하는 추세를 보이나 전체적으로 동등한 압축강도 성능을 발현하고 있음을 확인 가능하였다.

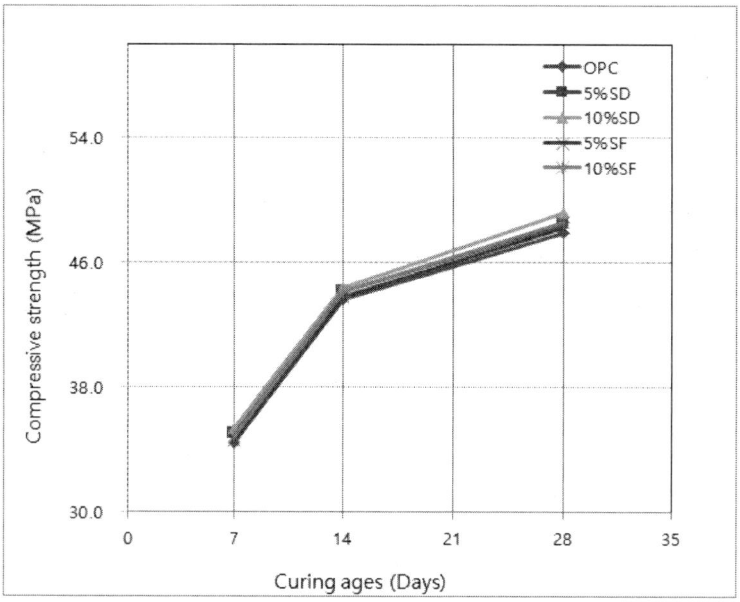

[부록 그림 2.3] 국제 공인시험 기관의 압축강도 시험결과 비교

다음 그림은 국제 공인시험 기관의 휨강도 시험결과를 비교하였다. 그림에서와 같이 OPC, 일반 실리카퓸, 다수준 실리카퓸의 경우가 최소 5.9 MPa에서 최대 6.5 MPa로 나타났으나 압축강도의 경우와 같이 대체로 유사한 것으로 분석되어 다수준 실리카퓸의 일반 실리카퓸에 대한 활용성에서 큰 차이가 나지 않고 있음을 재확인 할 수 있었다.

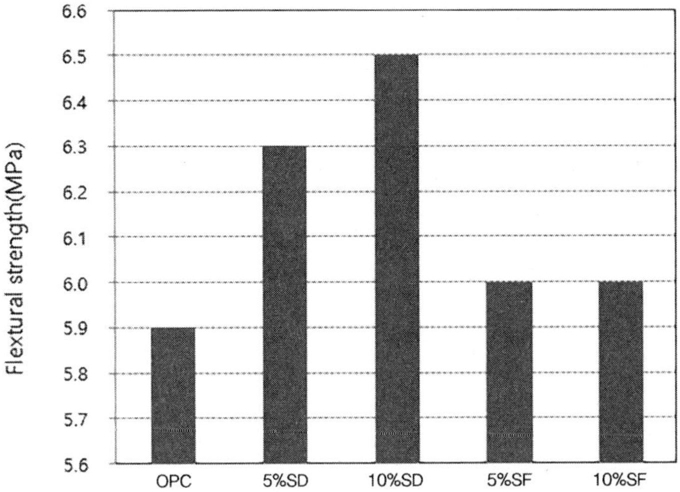

[부록 그림 2.4] 국제 공인시험 기관의 휨강도 시험결과 비교

다음 그림에서는 국제 공인시험 기관에 의한 쪼갬 인장강도의 역학적 특성결과를 제시하였다. 그림에서와 같이 실리카퓸 및 다수준 실리카퓸의 경우는 시멘트 대비 10% 치환에서 역학성능이 최대로 발현되고 있음을 확인할 수 있었으나, 거시적 측면에서는 일반 실리카퓸 및 다수준 실리카퓸 모두 유사한 쪼갬 인장강도 성능 범주 내에 있음을 확인할 수 있었다.

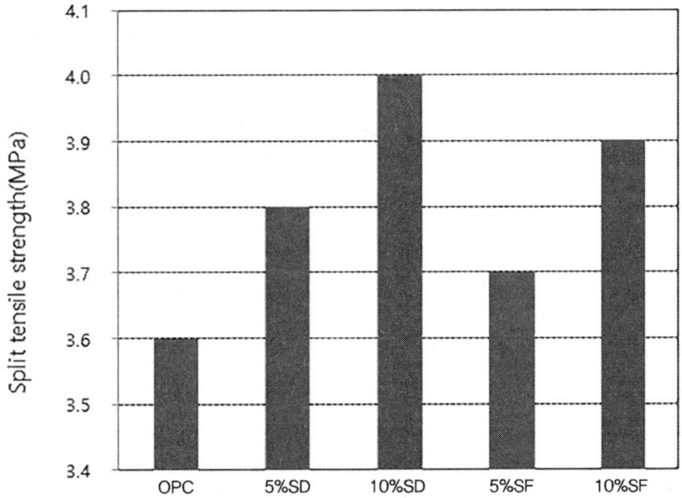

[부록 그림 2.5] 국제 공인시험 기관의 쪼갬인장강도 시험결과 비교

다음 그림은 국제 공인시험 기관에 의한 염해 저항성 시험결과를 도시하였다. 그림에서와 같이 염해 저항성 시험의 경우는 보통포틀랜드시멘트(OPC) < 5 % 다수준 실리카퓸(SD) < 10 % 다수준 실리카퓸(SD) < 5 % 실리카퓸(SF) < 10 % 실리카퓸(SF) 순으로 염해 저항성을 갖고 있는 것으로 나타났다. 이는 다수준 실리카퓸 및 일반 실리카퓸이 일반 OPC에 비해 높은 염해 저항성을 가지고 있음을 정량적으로 나타내고 있는 자료라 하겠다. 따라서 동일 강도 성능을 가지고 있음에도 불구하고 각 실리카퓸의 입자 충전성 및 미세구조 결합으로 인해 내구성 측면에서는 오히려 상기 혼합 콘크리트가 더 유리함을 알 수 있으며, 이는 현행 성능기반설계의 핵심을 제공하는 좋은 사례라 하겠다(특허 10-17465180000, 10-17277280000, 10-13852370000, 10-17252830000). 즉, 동일한 강도 성능을 가짐에도 불구하고 내구성능이 다르기 때문에 구조물의 내구수명이 달라지는 이원화된 듀얼 콘크리트 등급 제시가 가능하다는 것을 반증한 것이 이 기술의 핵심이라 하겠다.

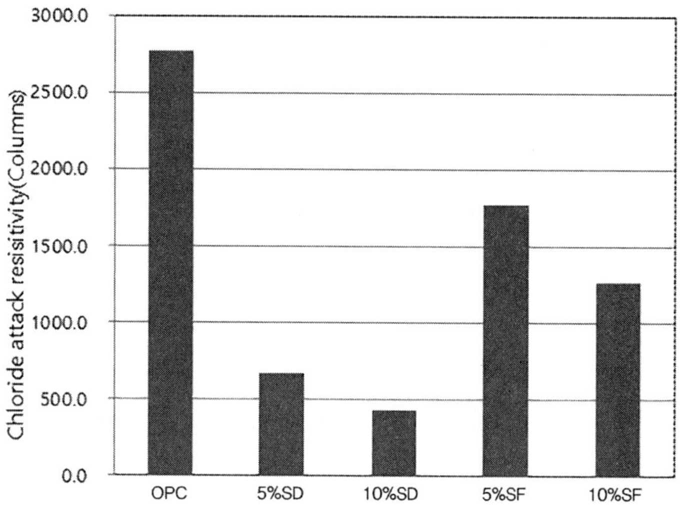

[부록 그림 2.6] 국제 공인시험 기관의 염해 저항성 시험결과 비교

다음 그림에서는 탄산화 저항성 시험결과를 제시하였는데, 앞의 염해 내구 저항성능의 경우와 유사하게 OPC < 5 % SD=10 % SD < 5 % SF=10 % SF의 순으로 탄산화 깊이 실험 결과가 나오고 있음을 확인 가능하였다. 즉 탄산화 깊이가 깊다는 것은 일반적으로 공극구조가 치밀하지 못하다는 것을 의미하며, 투수계수 혹은 확산성이 증가하므로 콘크리트의 피복을 통과하여 철근 표면까지의 도달속도가 빨라진다는 것을 의미한다. 따라서 부록 그림 2.7과 같이 일반 OPC 대비, 각종 혼합 실리카퓸의 거동은 탄산화 시험 측면에서도 상대적으로 우수한 성능을 가지고 있음을 정량적으로 확인할 수 있다.

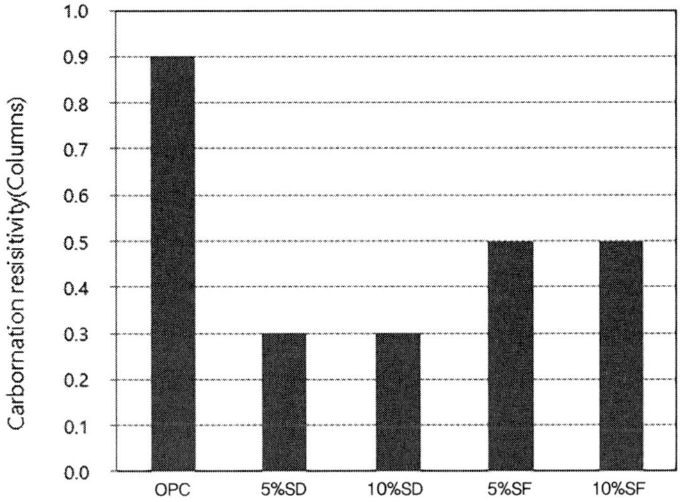

[부록 그림 2.7] 국제 공인시험 기관의 탄산화 저항성 시험결과 비교

다음 그림은 내구성능의 또 다른 지표인 동결융해 저항성 시험결과를 제시하였다. 그림에서와 같이 일반 OPC와 비교하여 실리카퓸을 혼입한 경우가 93％ 대비 97％로 동등 이상임을 제시하고 있으며, 일반 실리카퓸 및 다수준 실리카퓸의 경우는 유사한 것으로 나타나 활용성 측면에서 수치적으로 증빙하고 있음을 확인 가능하였다.

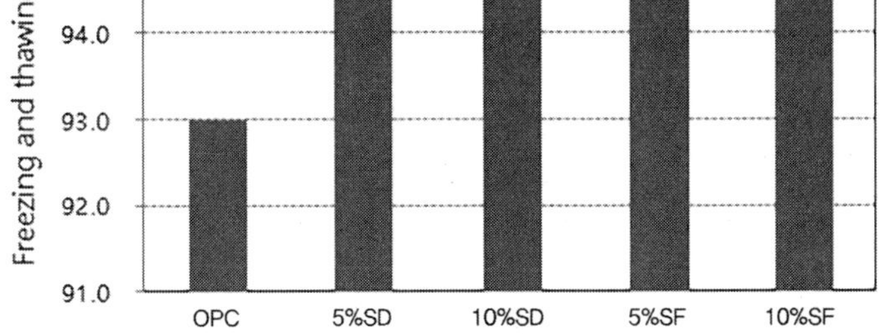

[부록 그림 2.8] 국제 공인시험 기관의 동결융해 저항성 시험결과 비교

한편 본 지침에서는 P건설사에서 댐 수력발전 PJT의 댐 본체 콘크리트 타설 등을 위해 특기 시방배합한 콘크리트 배합표에 대한 사례를 수록하였다. 해당 현장 배합표는 다음 표와 같다(포스코건설 사내기술 보고서, 2015).

[부록 표 2.3] P사 댐 현장 현장 배합표

규격	W/B (%)	S/a (%)	W (kg/m³)	C (kg/m³)	S (kg/m³)	G (kg/m³)	SF		AD (%)
							TypeA	TypeB	
25-15-150	65.6	43.5	175	240	818	1079	17.8	8.9	1.1
	71.7	42	175	220	798	1119	16.3	8.1	1.1
25-20-150	61.3	43	175	257	801	1079	19	9.5	1.1
	66.5	41.5	175	237	778	1123	17.5	8.8	1.1
25-25-150	56.5	42.5	175	279	782	1075	20.7	10.3	1.2
	60.8	41	175	259	791	1087	19.2	9.6	1.2
25-30-150	51.5	40	178	311	721	1098	23	11.5	1.2
	55.1	40	178	291	729	1110	21.5	10.8	1.2
25-40-150	41.4	38	181	393	651	1079	29.1	14.6	1.3
	46.2	38	181	353	666	1104	26.1	13.1	1.2

부록 표 2.3의 배합이 ACI 211.1 기준을 근간으로 작성된 콘크리트 배합이므로 ACI 기준의 콘크리트 시방배합 과정을 역산하여 cross-check를 하게 되면 순서는 다음과 같다.

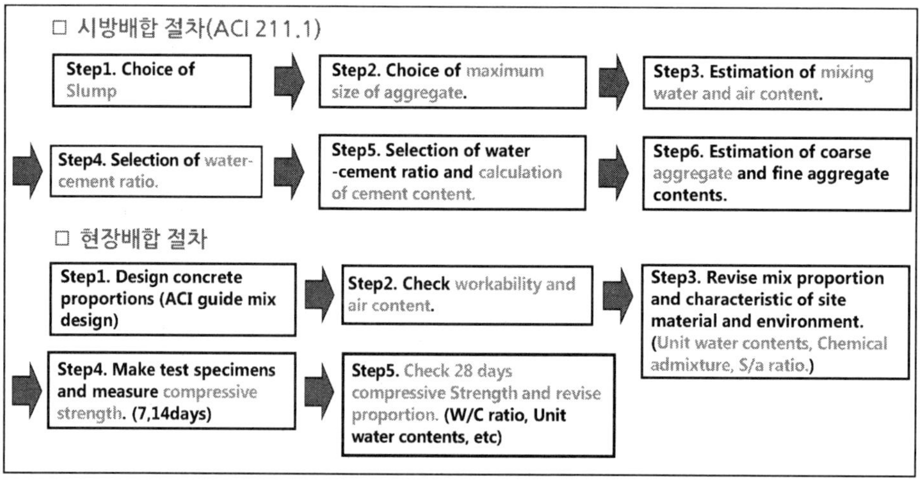

[부록 그림 2.9] ACI 211.1 기반 시방배합 및 현장배합 절차

다음 그림의 ACI 211.1 기반 해외 수력발전 PJT현장의 역산에 의한 콘크리트 시방배합 결과를 21MPa 관점에서 재검토한 사항이다. 즉, ① 설계강도에 의한, ② 콘크리트 배합강도를 결정하고, ③ 그에 따른 물/시멘트비도 선택하게 된다. 이후 ④ 굵은골재량 및 ⑤ 단위수량을 결정하고 최종적으로 ⑥ 각 단위 재료량 등을 선정하면 시방배합이 완료된다. 그리고 해외 수력발전 현장의 환경조건에 따른 콘크리트 현장 배합결과는 지역 특수성을 반영하여 trial-error에 의한 최적화 배합 시험을 통해 현장 맞춤형 콘크리트 배합으로 다시 재정립하게 된다(정지용 외, 2015).

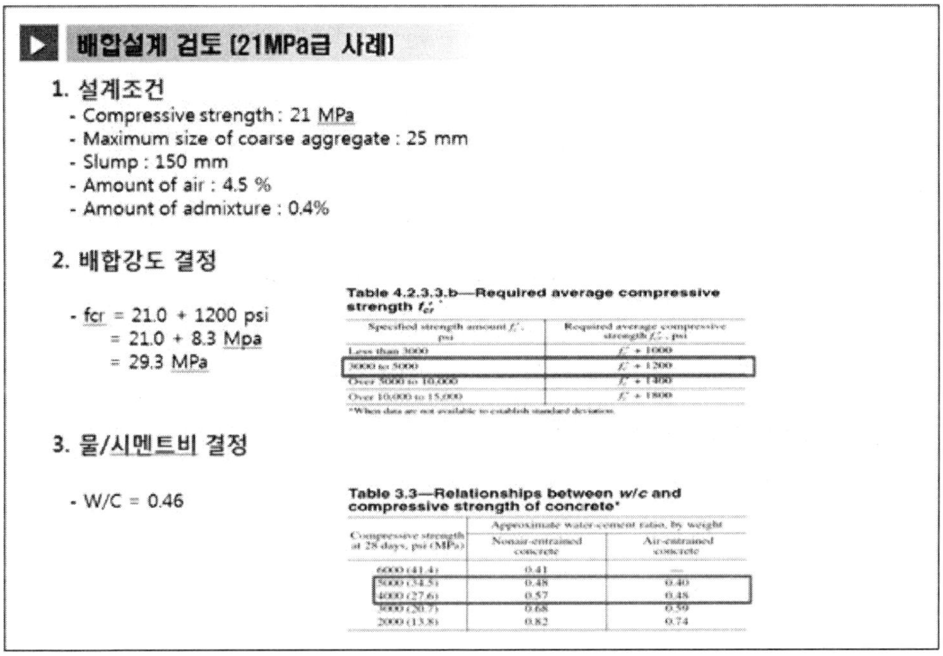

[부록 그림 2.10] ACI 211기반 시방배합 검토(1)

배합설계 검토 (21MPa급 사례)

4. 굵은골재량 결정

- Volume of coarse aggregate : 0.65
- s/a : 0.35

Table 6.3.6 — Volume of coarse aggregate per unit of volume of concrete

Nominal maximum size of aggregate, in.	Volume of oven-dry-rodded coarse aggregate* per unit volume of concrete for different fineness moduli of fine aggregate†			
	2.40	2.60	2.80	3.00
[illegible]	0.50	0.48	0.46	0.44
[illegible]	0.59	0.57	0.55	0.53
1	0.71	0.69	0.67	0.65
[illegible]	0.78	0.76	0.74	0.72
[illegible]	0.82	0.80	0.78	0.76
6	0.87	0.85	0.83	0.81

*Volumes are based on aggregates in oven-dry-rodded condition as described in ASTM C 29.
†These volumes are selected from empirical relationships to produce concrete with a degree of workability suitable for usual reinforced construction. [illegible]

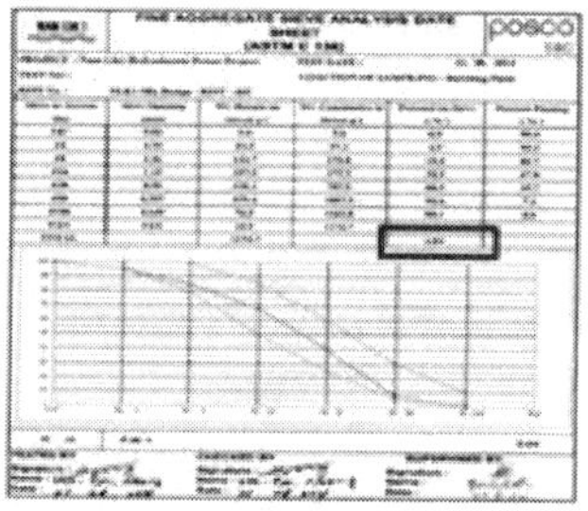

5. 단위수량 결정

- Unit water content (kg/m3) : 184

Slump, mm	Water, Kg/m³ of concrete for indicated nominal maximum sizes of aggregate							
	9.5*	12.5*	19*	25*	37.5*	50†*	75†‡	150†‡
Non-air-entrained concrete								
25 to 50	207	199	190	179	166	154	130	113
75 to 100	228	216	205	193	181	169	145	124
150 to 175	243	228	216	202	190	178	160	—
Approximate amount of entrapped air in non-air-entrained concrete, percent	3	2.5	2	1.5	1	0.5	0.3	0.2
Air-entrained concrete								
25 to 50	181	175	168	160	150	142	122	107
75 to 100	[illegible]	[illegible]	[illegible]	[illegible]	[illegible]	[illegible]	[illegible]	[illegible]
150 to 175	216	205	197	184	174	166	154	—
Recommended average total air content, percent for level of exposure								
Mild exposure	4.5	4.0	3.5	3.0	2.5	2.0	1.5**††	1.0**††
Moderate exposure	6.0	5.5	5.0	4.5	4.5	4.0	3.5**††	3.0**††
Extreme exposure‡‡	7.5	7.0	6.0	6.0	5.5	5.0	4.5**††	4.0**††

[부록 그림 2.11] ACI 211기반 시방배합 검토(2)

배합설계 검토 (21MPa급 사례)

6. 단위재료량 계산

Standard : W/C = 46.0 % S/a = 35.0 % W = 184.0 Kg

Cement Specific = 3.15

(1) Decision of Unit Cement Amount (C)

C = W / (W/B) *100

C = 184 / 46.0 * 100 = 400 Kg/m3

(2) Decision of Unit Aggregate Amount

Unit Water Content	:						184.0 ℓ
Volume of Unit Cement	:	400	/	3.15		=	127.0 ℓ
Air Volume	:	4.5	x	10		=	45.0 ℓ
Subtotal	:						356.0 ℓ

(3) Aggregate Volume : 1000 - Subtotal = 644.0 ℓ

Course Aggregate (G, 13mm)	:	644.0	x	65.0	/ 100	=	418.6 ℓ
Fine Aggregate (S)	:	644.0	x	35.0	/ 100	=	225.4 ℓ

(4) Aggregate weight

Course aggregate (G, 13mm)	:	418.6	x	2.660	=	1,113.5 Kg
Fine Aggregate (S)	:	225.4	x	2.642	=	595.5 Kg
High Performance AE Water-Reducing Agent	:	400.0	x	0.004	=	1.6 Kg

7. 검토 시방배합

W/C (%)	S/A (%)	Slump (mm)	Air (%)	W (kg/m³)	Binder		S (kg/m³)	O(25mm) (kg/m³)	High Performance AE Water-Reducing Agent (kg/m3)
					C (kg/m³)	SF (kg/m3)			
46.0	35.0	150	4.5	184	360	40	595.5	1113.5	1.6

[부록 그림 2.12] ACI 211기반 시방배합 검토(3)

따라서 상기의 절차를 통해 부록 그림 2.13과 같이 각 강도별 콘크리트 시방배합을 제시할 수 있었으며, 이를 다시 P사가 제시한 현장 콘크리트 배합과 간접 비교가 가능하였다.

ACI 211.1 기준 기반 검토 시방 배합

Type	W/C	S/a	Unit contents(kg/m3)						Remark
			W	C	SF	S	G	AD	
Specific Gravity			1.00	3.15	2.2	2.64	2.66		2 type
25-15-150	50	35	184	331.2	36.8	604.9	1131.1	1.5	B*0.4%
25-18-150	50	35	184	331.2	36.8	604.9	1131.1	1.5	B*0.4%
25-21-150	46	35	184	360	40	595.5	1113.5	1.6	B*0.4%
25-24-150	43	35	184	385.2	42.8	587.3	1098.1	1.7	B*0.4%
25-25-150	41	35	200	439.2	48.8	554.9	1037.5	2.0	B*0.4%
25-27-150	39	35	200	461.7	51.3	547.6	1023.8	2.1	B*0.4%
25-30-150	39	35	200	500.4	55.6	534.9	1000.2	2.2	B*0.4%

[부록 그림 2.13] ACI 211기반 시방배합 검토(4)

본 지침에서는 국산 페로실리콘 산업부산물 실리카퓸 및 1차 더스트 혼합 혼화재를 활용한 환경 영향성 및 경제성을 평가하도록 하는데, 환경 영향성 평가의 경우도 중점적으로 다루도록 하고 본 절에서는 성능기반 가격 경쟁력에 대해 평가하기로 한다. 다음 그림과 같이 각 성능에 따른 가격 성능지수(압축강도/가격)는 일반 실리카퓸의 경우 0.78 MPa/만원의 가치를 가지지만 다수준 실리카퓸의 경우는 11.6MPa/만원으로 약 14배에 육박하는 실용적 가치를 지니는 것으로 분석되었다. 이는 다수준 실리카퓸의 개발 및 활용 측면에서 기존 일반 실리카퓸에 비해 동등 유사 성능을 확보하지만 가격 경쟁력 측면에서 훨씬 우월한 시장성을 가지고 있음을 객관적으로 입증이 가능하다. 즉 다수준 실리카퓸의 기준 제·개정이 가속화된다면 일반 시멘트 대비 상대적으로 저렴한 가격비용과 성능비용이 시너지를 갖추면서 시장 파급성에 획기적인 역할이 가능하다는 것을 반추할 수 있다.

일반 실리카퓸		다수준 실리카퓸
43.3 MPa	압축강도 (28 days)	40.7 MPa
우수	염해내구성	우수
0.3 mm	탄산화 깊이	0.5mm
98%	동결융해 저항성	97%
0.78 MPa/만원	가격성능지수[1]	11.6 MPa/만원

1) 가격성능지수 = 압축강도 / 가격

[부록 그림 2.14] 일반 실리카퓸 대비 다수준 실리카퓸의 경제성 비교

한편, 본 지침에서는 국산 페로실리콘 산업부산물 실리카퓸 및 1차 더스트 혼합 혼화재를 활용한 콘크리트의 환경 영향성에 대해서 평가한 자료를 사례로 들었다. 이는 본 지침에 활용된 OPC, 일반 실리카퓸, 다수준 실리카퓸을 활용한 콘크리트의 주요 중금속 용출시험을 통하여 상기 결합재를 활용한 콘크리트의 위해성 및 안전성 평가를 위한 판단자료를 확보하기 위함이다. 다음 그림은 환경 적합성 검토 추진도로써 현재 P사 페로실리콘 공장에서 생산 중인 일반 실리카퓸 및 다수준 실리카퓸에 대한 환경 위해성과 적합성을 검토하기 위해 콘크리트 용출시험을 통하여 '납(Pb), 구리(Cu), 카드뮴(Cd), 비소(As), 수은(Hg), 총 크롬(T-Cr), 6가크롬(Cr^{6+})'에 대한 함량 분석을 실시하였다(김한솔, 2017, 이창홍 외, 2015).

[부록 그림 2.15] 환경 위해성 및 적합성 검토 추진도

본 연구는 국내 세라믹 관련 시험 분석 및 인증기관인 한국세라믹기술원에서 시험 분석 평가를 실시하였으며, 이를 바탕으로 콘크리트의 중금속 용출량을 검증함으로써 신뢰성을 확보하였다. 한편, 콘크리트 용출시험은 국내에 공인된 시험법이나 정해진 규정이 없는 관계로 미국 콘크리트 자재 관리기준에서 음용수 자재의 인체 유해영향을 관리하기 위해 정한 'ANSI(American National Standards Institute; 미국 규격협회) 61-2007(a)(2013) 시험법'에 따라 본 연구를 수행하였다. ANSI 61-2007(a) 시험법에 따라 얻어진 용출수의 중금속 함량은 용출수의 상태에 따라 전처리 후 유도 결합 플라즈마 발광 광도법(ICP-MS)으로 검출하였다. 시험방법은 크게 콘크리트 공시체 제작 및 양생, 전처리, 중금속 측정으로 이루어지며 상세 시험과정은 다음과 같다.

(1) 콘크리트 시험체 제작 및 양생

본 지침에서는 콘크리트의 중금속 용출 특성을 검토하기 위하여 콘크리트 재료를 일정한 비율로 혼합하여 콘크리트 시험체를 다음 그림과 같이 제조하였다. 일반 포틀랜드 시멘트, 일반 실리카퓸, 다수준 실리카퓸, 증류수, 잔골재, 굵은골재를 부록 표 2.3에 제안된 5종의 배합비에 적용하여 원주형 시험체(ϕ100×200 mm)를 제작하였다. 1일간 기건 양생 후 경화가 끝난 시험체를 몰드에서 탈형하여 'ASTM C 511'에 따라 항온항습기(온도 23±2 ℃, 상대습도 95 % 이상)에서 최소 3일간 양생을 실시하였다. 양생이 종료되면 시편을 꺼내 7일간 항온항습조건(온도 23±2 ℃, 상대습도 50±5 %)에서 건조시켰다.

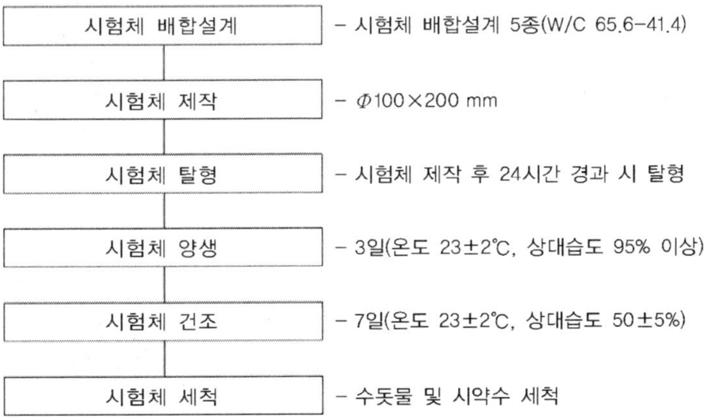

[부록 그림 2.16] 환경적합성 시험을 위한 시험체 제조과정

(2) ANSI 61-2007(a) 시험법에 의거한 전처리

현재 국내에는 콘크리트 공시체에 대한 용출시험 방법이 없기 때문에 미국의 먹는 물 관련 콘크리트 관리 기준의 시험법인 ANSI법을 준용하여 분석하였다. ANSI법에 의한 중금속 용출시험은 컨디셔닝 과정과 노출과 정으로 나뉜다. 컨디셔닝 과정은 Sodium hypochlorite(NaOCl)을 이용하여 제작한 염소용액 0.002 M(200 mg/L)로 분무기 등을 사용하여 시험체의 모든 면을 충분히 적신 후 최소 30분간 방치하고, 30분이 경과한 시편을 차가운 수돗물로 1차 세척한 후, 증류수로 2차 세척하였다. 컨디셔닝이 끝난 시료는 본래 pH 5, pH 10 각각의 용액에 노출시켜야 하지만 콘크리트 시편 및 용출수가 염기성을 띄는 것을 고려하여 pH 10에 대해서만 시험을 실시하였으며, pH 10 노출수는 유효염소 값이 2 mg/L가 되도록 제작하였다. 유효염소는 일정 부피 용액의 산화당량에 해당하는 염소(Cl_2)의 무게비(g/g)를 말하며, 묽은 염소용액에서는 1 mL=1 g으로 가정하였다. 예를 들어, 10 % NaOCl의 경우 1L 용액이 유효염소 값을 2 mg 가지도록 만들기 위해서는 1 L의 증류수에 2 mL를 주입해야 한다. 제조된 용액은 23±2℃를 유지하도록 하며 부록 표 2.4의 ANSI법에 따른 시험체 노출시간 기준(Single time point exposure protocol)에 나타난 시간에 따라 시편의 비표면적을 최소 50 cm^2/L 노출시킨 뒤 용출수를 추출하였다. 수집된 용출수는 분석되기 전까지 상온에서 보관되어야 하며, 전처리 과정을 다음 그림에 나타내었다.

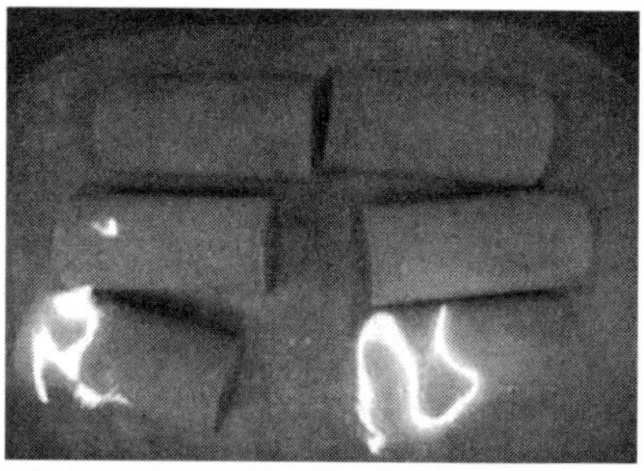

(a) 1차 수중양생(수돗물)

(b) 컨디셔닝(NaOCl)

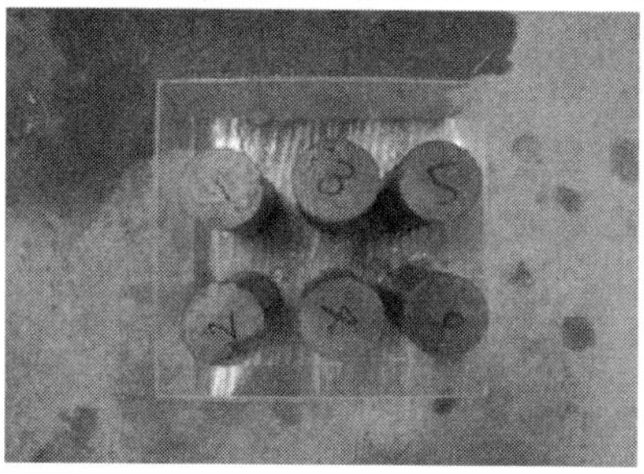

(c) 대기 중 건조

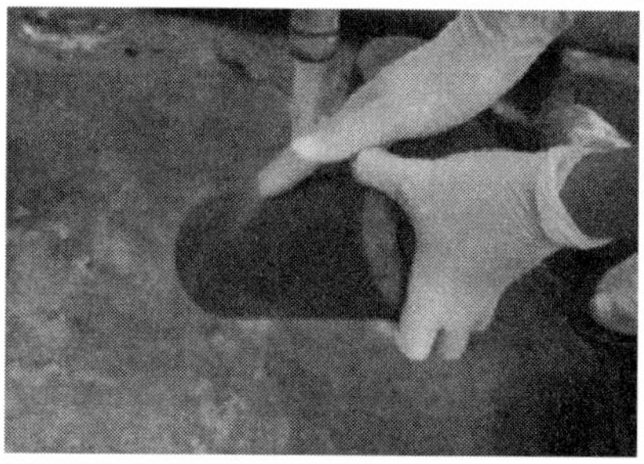

(d) 1차 세척(수돗물)

(e) 2차 세척(증류수)	(f) 2차 양생(pH 10, NaOCl)
	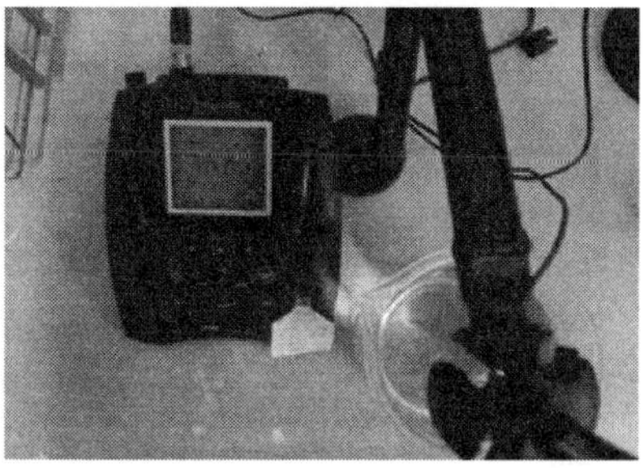
(g) 표준용액	(h) pH 10 용액 제조

[부록 그림 2.17] 콘크리트의 중금속 침출 전처리 과정

시료채취 시 유의사항으로 노출온도를 23±2 ℃로 유지하여 노출시간은 최대 5일까지로 하루가 경과할 때마다 용출수를 버리고 채우는 과정을 반복적으로 진행하며, 5일째의 용출수를 최종 검출액으로 하였다.

[부록 표 2.4] ANSI법에 따른 시험체 노출시간 기준

노출시간(hours)	총 경과시간(days)	용출수 처리
24 ± 1	1	용출수를 버리고 다시 채움
24 ± 1	2	용출수를 버리고 다시 채움
48 ± 1	4	용출수를 버리고 다시 채움
24 ± 1	5(최종 시료)	용출수 회수

※ 시험은 용출수를 버리고 다시 채우는 과정을 거치며 순차적으로 진행됨.

※ 용출 시스템이 올바르게 진행되기 위하여 4일 간의 용출수는 즉각 제거해야 하며 시험이 끝난 뒤 용출수는 24시간 내로 수집되어야 함.

(3) 유도 결합 플라즈마 발광 광도법(ICP-MS)

유도 결합 플라즈마 발광 광도법은 라디오 주파수에 의해 생성된 아르곤 플라즈마에 용출수를 분무시켜 열에너지를 흡수하여 들뜬 원자가 복사에너지를 방출하며, 낮은 에너지 상태로 돌아가며 방출하는 빛의 파장과 세기를 측정함으로써 원소의 정성 및 정량분석에 이용하는 방법이며, 본 지침에서는 다음 그림에 나타낸 과정에 의거하여 OPC, 일반 실리카퓸, 다수준 실리카퓸을 활용한 콘크리트의 '납(Pb), 구리(Cu), 카드뮴(Cd), 비소(As), 수은(Hg), 총 크롬(T-Cr), 6가크롬(Cr^{6+})'에 대한 함량 분석을 실시하였다. 본 시험을 위해 사용한 유도 결합 플라즈마 질량분석기는 DRC Ⅱ 모델을 사용하였으며, 중금속 측정을 위한 선택 질량은 납 208 amu, 구리 52 amu, 카드뮴 228 amu, 비소 75 amu, 수은 202 amu, 크롬 52 amu를 선택하여 분석을 수행하였다.

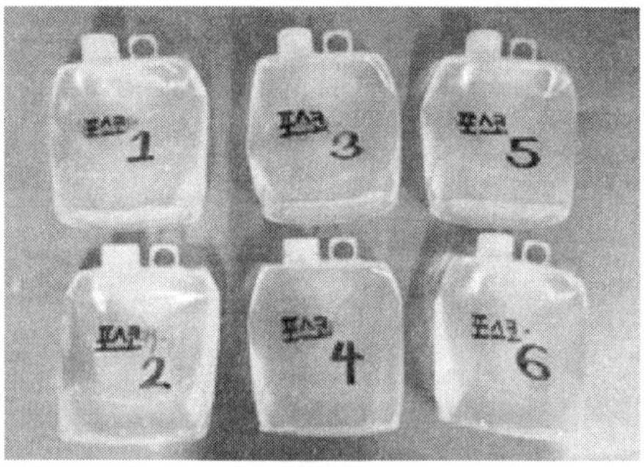

(a) 시험분석용 용출수

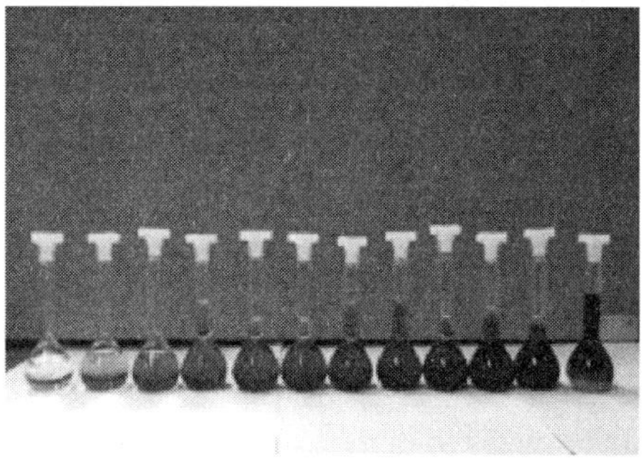

(b) 표준용액 제조

(c) 유도 결합 플라즈마 질량분석기

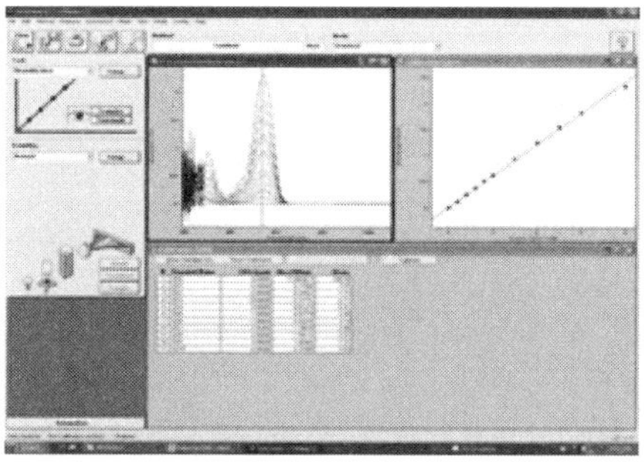

(d) 중금속 농도 측정

[부록 그림 2.18] 유도 결합 플라즈마 발광 광도법(ICP-MS)에 따른 중금속 측정

현재 지정폐기물 및 산업폐기물 등의 처리나 재활용 시 유해물질의 용출 등의 문제점이 발생하고 있으며, 이에 대해 폐기물에 대하여 유해성을 판정하는 기준이 적용되고 있다. 국내 폐기물 관리법에서 규제하고 있는 유해물질들의 한계 용출 농도는 다음 표와 같다.

[부록 표 2.5] 국내 폐기물 관리법에 따른 한계 용출 농도(이창홍 외, 2015b)

용출 항목	농도 한계
납(Pb) 또는 그 화합물	< 3 mg/L
구리(Cu) 또는 그 화합물	< 3 mg/L
카드뮴(Cd) 또는 그 화합물	< 0.3 mg/L
비소(As) 또는 그 화합물	< 1.5 mg/L
수은(Hg) 또는 그 화합물	< 0.005 mg/L
6가 크롬(Cr^{6+}) 화합물	< 1.5 mg/L

시멘트 시료에 대한 중금속 함유 및 용출 관련 시험법의 경우 현재까지 국내에는 공인된 시험방법이 없기 때문에 각 기관에서 제시하는 분석 값에 대한 비교, 검토 및 결과 해석에 상당한 어려움이 있어 왔으며, 시료채취 과정에서도 투명성이 확보되지 못하는 등 분석 결과에 대한 신뢰성 확보가 필요하다. 이에 본 지침에서는 국내 P사 페로실리콘 공장에서 생산중인 일반 실리카퓸 및 다수준 실리카퓸의 활용을 위하여 국내 폐기물 관리법 기준에 부합하도록 검증된 공인인증기관을 통한 환경 위해성 및 안전성 평가를 실시하였다. 부록 그림 2.19~2.24에서는 pH 10에서의 제안된 배합비를 적용한 콘크리트의 '납(Pb), 구리(Cu), 카드뮴(Cd), 비소(As), 수은(Hg), 6가크롬(Cr^{6+})'에 대한 용출 시험 결과를 나타내었다. 국내 폐기물 관리법에서 규제하고 있는 중금속 한계 용출 농도에 준하여 OPC만 활용한 콘크리트와 P사 페로실리콘 공장에서 생산 중인 일반 실리카퓸과 다수준 실리카퓸 활용 콘크리트의 중금속 용출률을 비교함으로써 환경 적합성 평가를 실시하였다. 납(Pb)의 경우 각각의 배합에 대하여 pH 10에서 용출량은 0.15~0.75 mg/L로 용출되었으며, 다수준 실리카퓸 치환율이 높아질수록 용출량은 증가하였다. 또한 OPC 콘크리트의 용출량은 0.09 mg/L로 실리카퓸 혼합 콘크리트에 비하여 상대적으로 낮은 용출량을 나타내었으나, 모든 배합에 따른 납(Pb) 용출량은 한계 용출

량인 3 mg/L의 최대 25 % 정도로 낮게 측정되었다. 구리(Cu)의 경우 각각의 배합에 대하여 pH 10에서 용출량은 0.30~0.75 mg/L로 용출되었으며, 다수준 실리카퓸 치환율이 높아질수록 용출량은 증가하였다. 또한 OPC 콘크리트의 용출량은 0.09 mg/L로 실리카퓸 혼합 콘크리트에 비하여 상대적으로 낮은 용출량을 나타내었으나, 모든 배합에 따른 구리(Cu) 용출량은 한계 용출량인 3 mg/L의 최대 25% 정도로 낮게 측정되었다.

카드뮴(Cd)의 경우 각각의 배합에 대하여 pH 10에서 용출량은 0.03~0.075 mg/L로 용출되었으며, 다수준 실리카퓸 치환율이 높아질수록 용출량은 증가하였다. 또한 OPC 콘크리트의 용출량은 0.009 mg/L로 실리카퓸 혼합 콘크리트에 비하여 상대적으로 낮은 용출량을 나타내었으나 모든 배합에 따른 카드뮴(Cd) 용출량은 한계 용출량인 3 mg/L의 최대 25 % 정도로 낮게 측정되었다. 비소(As)의 경우 각각의 배합에 대하여 pH 10에서 용출량은 0.150~0.375 mg/L로 용출되었으며, 다수준 실리카퓸 치환율이 높아질수록 용출량은 증가하였다. 또한 OPC 콘크리트의 용출량은 0.045 mg/L로 실리카퓸 혼합 콘크리트에 비하여 상대적으로 낮은 용출량을 나타내었으나, 모든 배합에 따른 비소(As) 용출량은 한계 용출량인 1.5 mg/L의 최대 25% 정도로 낮게 측정되었다. 수은(Hg)의 경우 각각의 배합에 대하여 pH 10에서 용출량은 0.005~0.00125 mg/L로 용출되었으며, 다수준 실리카퓸 치환율이 높아질수록 용출량은 증가하였다. 또한 OPC 콘크리트의 용출량은 0.00015 mg/L로 실리카퓸 혼합 콘크리트에 비하여 상대적으로 낮은 용출량을 나타내었으나 모든 배합에 따른 수은(Hg) 용출량은 한계 용출량인 0.005 mg/L의 최대 25% 정도로 낮게 측정되었다. 크롬의 경우 본 연구에서는 총 크롬과 6가크롬으로 구분하여 용출량을 측정하였다. 총 크롬은 2가지 전자가 상태(3가크롬, 6가크롬)로 존재하여 3가크롬(Cr^{3+})은 대부분 독성이 없으나 6가크롬(Cr^{6+})은 피부에 자극을 유발하여 접촉성 피부염을 발생시키며 심할 경우 피부암까지 일으킬 수 있는 인류 건강에 매우 유해한 이온으로 알려져 있다. 특히 유럽에서 제조되거나 수입되는 모든 시멘트 제품은 6가크롬의 함량이 Directive 2003/53/EC의 규정에 의해 2.0 mg/kg-cem를 넘지 못하도록 엄격히 규제하고 있으며(Directive 2003/53/EC, 2003), 국내에서는 시멘트 내 총 크롬이온을 20.0 mg/kg-cem의 한계치로 하는 자율규제를 택하고 있다.

총 크롬의 함유량은 앞서 기술되었던 일반 실리카퓸 대비 다수준 실리카퓸의 화학적 구성 성분에 기인하여 metal 기준으로 일반 실리카퓸은 중량 대비 0.022 %, 다수준 실리카퓸은 0.05 %, 일반 실리카퓸 + 다수준 실리카퓸은 0.031 %로 측정됨에 따라 국내·

외 기준에 부합하는 것으로 나타났으며, 배합비에 따른 결합재로의 치환 시 총 함유율은 더욱 낮아질 것으로 판단된다. 6가크롬(Cr^{6+})의 경우 각각의 배합에 대하여 pH 10에서 용출량은 0.15~0.375 mg/L로 용출되었으며, 다수준 실리카퓸 치환율이 높아질수록 용출량은 증가하였다. 또한 OPC 콘크리트의 용출량은 0.045 mg/L로 실리카퓸 혼합 콘크리트에 비하여 상대적으로 낮은 용출량을 나타내었으나, 모든 배합에 따른 6가크롬(Cr^{6+}) 용출량은 한계 용출량인 1.5 mg/L의 최대 25% 정도로 낮게 측정되었다. 결과적으로 pH 10 수용액을 이용한 ANSI법 용출시험은 일반 실리카퓸 및 다수준 실리카퓸 적용 콘크리트의 중금속 용출량 OPC 콘크리트에 비해 높지만 국내 폐기물 관리법에서 규제하고 있는 중금속 한계 용출 농도 이하로 측정됨에 따라 환경 위해성은 없다고 판단된다.

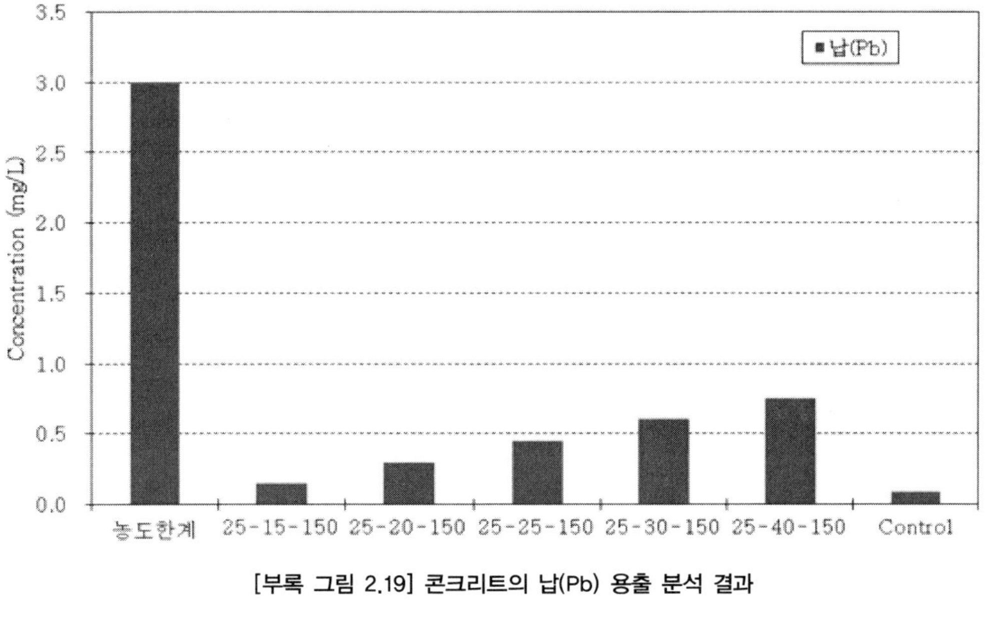

[부록 그림 2.19] 콘크리트의 납(Pb) 용출 분석 결과

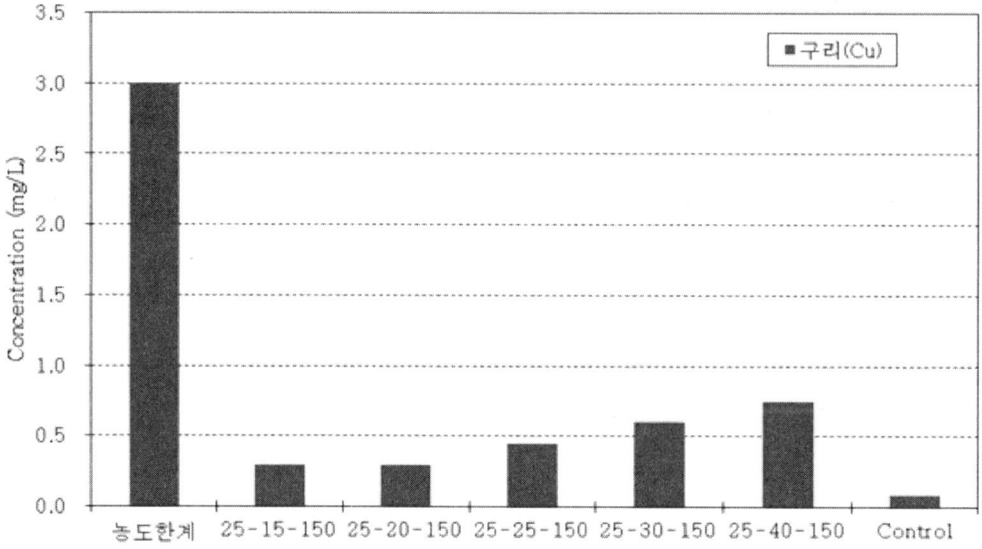

[부록 그림 2.20] 콘크리트의 구리(Cu) 용출 분석 결과

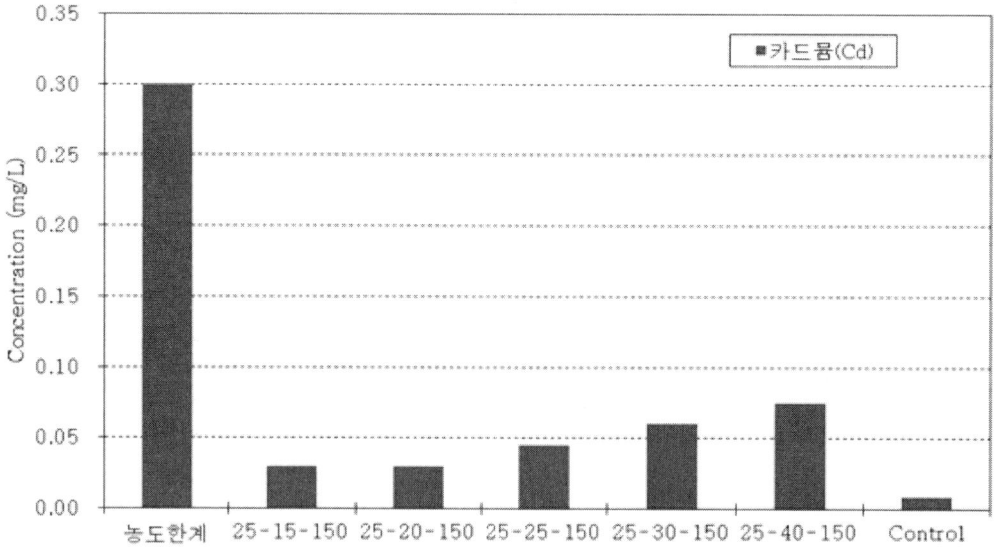

[부록 그림 2.21] 콘크리트의 카드뮴(Cd) 용출 분석 결과

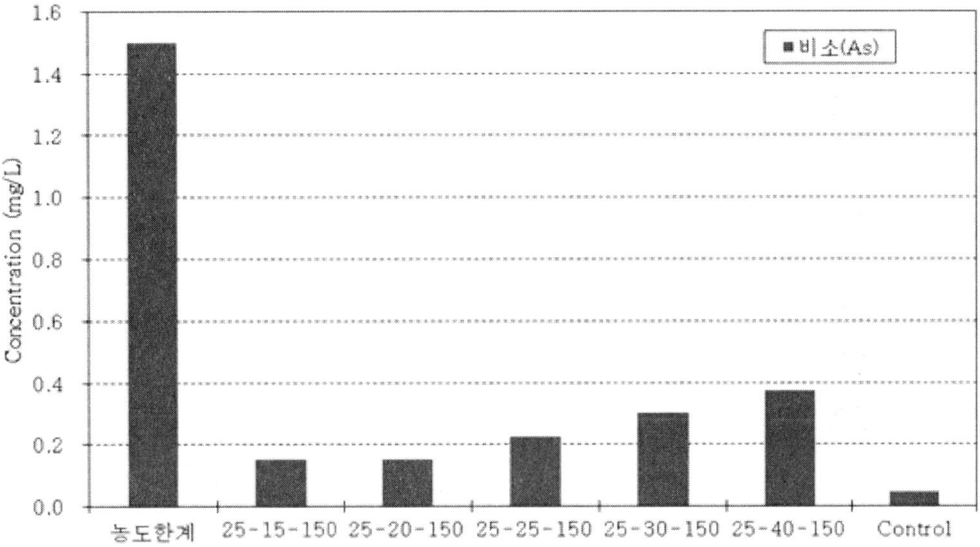

[부록 그림 2.22] 콘크리트의 비소(As) 용출 분석 결과

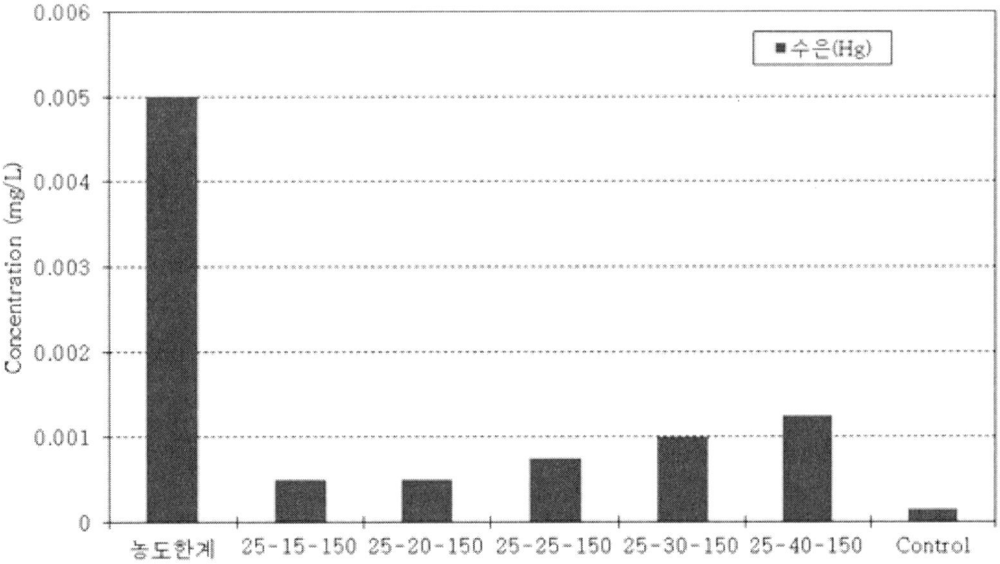

[부록 그림 2.23] 콘크리트의 수은(Hg) 용출 분석 결과

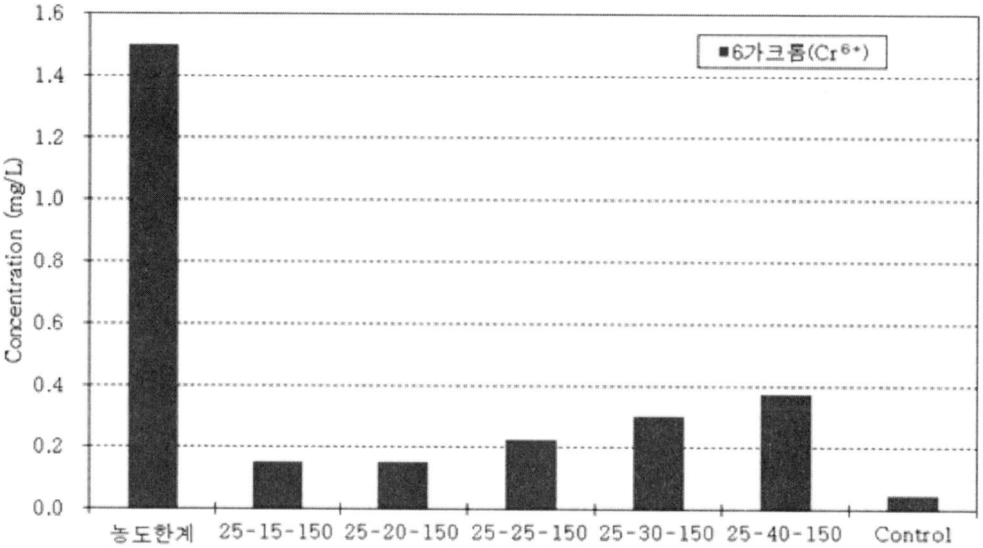

[부록 그림 2.24] 콘크리트의 6가크롬(Cr^{6+}) 용출 분석 결과

부록 3. 실리카퓸 활용 교면포장 적용 실무 사례

본 부록 3절에서는 국내에 실리카퓸을 활용한 교면포장 적용 사례에 대해 기술하고자 한다(범준이앤씨 사내 기술보고서, 2016).

서울·춘천 고속도로 3공구는 월문 4교, 차산교, 화도IC 1교, 창현 1교, 창현 2교, 서종대교, 화도IC 2교, 화도IC 3교, 화도IC 4교, 창현 육교에 교면포장을 시공하였다. 자세한 실리카퓸의 교량 적용 현황은 다음 표와 같다.

[부록 표 3.1] 서울–춘천 고속도로 3공구 교량 현황

순번	교량명	형식	길이(M)	경간장(M)
1	차산교	PSC Beam	245	3@35+3@35+35
2	화도IC 1교	PSC Beam	30	30
3	창현 1교	PSC Beam	280	3@35+3@35+2@35
4	화도IC 2교	PSC Beam	105	3@35
5	화도IC 4교	PSC Beam	140	4@35
6	서종대교	PSC box girder	980	3@40+4@50+60+7@70+60+50
7	창현 육교	Steel bridge	45	45
8	월문 4교	RC ramen	10	10
9	창현 2교	RC ramen	12	12
10	화도IC 3교	RC ramen	15	15

위 교량의 상판은 모두 콘크리트 상판으로 이루어져 있으며, 콘크리트 상판의 구조적 결함 원인은 제설제(융설제) 침투로 인한 상판 철근의 부식이라고 보고되었다. 또한, 진동 및 온도의 변화 그리고 지속적인 수분 침투로 인한 파손이 발생되고 있으며, 이에 적합한 공법 3가지를 소개하면 다음과 같다. 첫 번째, HPC 공법은 1970년대 후반 북유럽에서 고안된 것으로 미국의 경우에는 1983년 1월에 처음으로 교량과 유사한 구조물의 접속 슬래브에 실리카퓸을 혼합한 HPC를 적용한 시공을 최초로 실시하였다.

동시에 1984년 초반 미국 12개 주의 도로교통국에서는 HPC에 대한 경제성, 시공성 및 역학적인 평가를 실시하였다. 오하이오 주에서는 LMC공법과 HPC공법을 비교하기 위하여 교면의 한쪽 차로씩 포설한 결과 LMC공법 적용 구간에서는 다수의 균열이 발생하였지만 HPC공법 적용 구간에서는 2개의 균열만 발생하였다고 보고되었다. 그러나 재료 특성상 유연성이 부족하여 강상판 교량에 대한 적용은 불가능한 것이 콘크리트계열 교면포장의 단점으로 나타나고 있다. 또한, 실리카퓸과 PVA 섬유가 고가인 단점이 있다. 두 번째, LMC공법은 1952년 최초로 DOW Chemical Company에서 연구를 시작한 이래 널리 사용되고 있으며, 1957년 Michigan 주 Cheboygan의 US 23교량에서 처음 적용하였다. 또한 1970년대 중반 FHWA는 교량의 부식 문제에 대한 연구를 시작하였으며, 이에 대한 해결방안으로 LMC를 채택하였다. 그러나 초기 비용이 타 공법에 비해 많이 들고 시공 시 환경오염의 우려가 있다는 것이 단점이다. 세 번째, 폴리머 콘크리트를 이용한 박막 교면포장 공법은 1992년 미국 미주리 주 세인트루이스의 Poplar교 강상판에서 덧씌우기를 시작으로 처음 사용하였으며, 뉴욕에 위치한 Kingston-Rhinecliff교의 콘크리트 슬래브 상판에서도 그 성능을 인정받아 신설포장에서도 적용됐다고 보고되었다.

또한 1m^{2}당 2.4kg 정도로 상당히 작기 때문에 교면포장의 사하중이 1/3~1/2 감소하여 교면포장으로써 효율적이다. 폴리머 콘크리트를 이용한 박막 교면포장 공법은 주로 강판교량 바닥, 콘크리트 포장면, FRP 합성교 바닥, 교량 deck, 강격자형 채움 등 다양한 구조물에 널리 사용되어 향후 다양한 환경에서도 사용될 것으로 예상된다.

부록 4. 부산 용호만 복합시설 프로젝트 적용 사례 : I사

본 부록 4절에서는 부산 용호만 복합시설 프로젝트에 적용되었던 실리카퓸 적용 사례를 기술하고자 한다(IS동서㈜ 사내기술보고서, 2015).

[부록 표 4.1] 제원 및 배합재료 산지

구분	부재	층	설계기준강도	Size	위치	내화성능시험	비고
수직부재	기둥	B5F~B1F	80MPa	1100X1100	B동 C22	O	PP+NY섬유 +폴리머분말 0.1%
		4F~21F	80MPa	1560X680	B동 C16A	O	
		22F~30F	60MPa	1560X680	B동 C16A		PP+NY섬유 0.05%

[부록 표 4.2] 레미콘사별 콘크리트 배합재료 산지

구분	업체명	고로슬래그 2종	굵은골재 (20mm)	부순모래	F/A	S/F	혼화제	비고
1	동서산업	동양광양	용원석산	동양석산	하동화력	실크로드	실크로드	
2	부신산업 미륭레미콘	한국시멘트	용원석산	용원석산	하동화력	실크로드	실크로드	
3	부일레미콘 경동산업	한국시멘트	대동광업	대동광업	남동화력	실크로드	실크로드	

[부록 표 4.3] 80MPa 배합표

강도 (MPa)	W/B (%)	S/a (%)	단위재료량(kg/m³)											비고
			W	B	OPC	SC	FA	SF	내화섬유	S1	S2	G	AD	
80	24.6	45.0	155	630	0	460	126 (20%)	44 (7%)	0.1%	268	412	851	1.65	저발열
					0	523	63 (10%)	44 (7%)	0.1%	271	418	859		표준

SC : 고로슬래그시멘트 2종, FA : 플라이애시 2종, SF : 실리카퓸, S1 : 세척사, S2 : 부순모래

[부록 표 4.4] 내화섬유 특성

구분	내화성능 시험실적	재료 구성	1m³당 사용량	단가	강도 발현	투입형태 (인력)	경시변화 (즉시, 60분, 90분)	납품형태	납품실적
삼박 (NY+PP +폴리머 분말)	80MPa 내화시험 인증서 (특허)	1kg(PP:25% +NY:25% +폴리머 분말:50%)	1kg	1kg당 6000원	이상 없음	포장 상태로 믹서 투입 (포장분해)	Flow 큰 변화 없음 (시공 시 섬유엉킴 방지 및 유동성 개선)	시공사 및 레미콘사 납품 가능 (결재 조건)	- 잠실 롯데월드타워 (80MPa) - 부산롯데타운 (80MPa) - 청라지구 주상복합 현장 (60~70MPa)

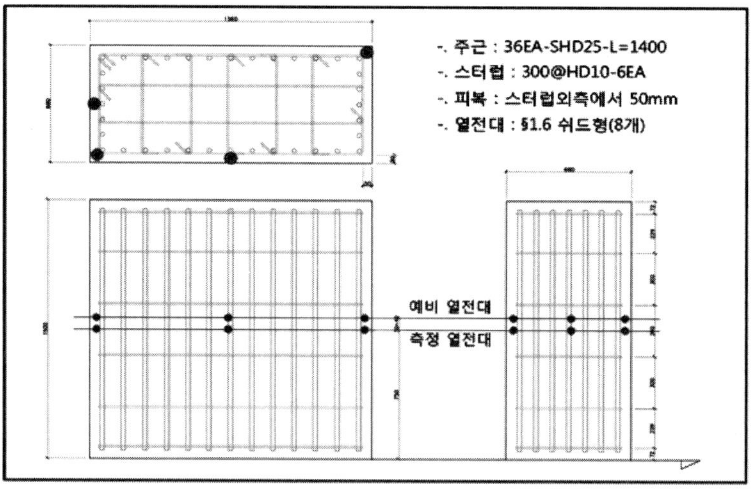

[부록 그림 4.1] 내화성능 실험 시험체 도면

참고문헌

(1) ASTM C 1240, Standard Specification for Silica Fume Used in Cementitious Mixtures

(2) AS 3582, Supplementary Cementitious Materials for Use with Portland Cement

(3) ANSI 61-2007, Drinking Water System Components Health Effects

(4) CSA, A23.5, Standard for Supplementary Cementing Materials

(5) JIS A6207, Silica Fume for Use in Concrete

(6) KS F 2567, 콘크리트용 실리카퓸, 국가기술표준원

(7) KS F 4009, 레디믹스트 콘크리트, 국가기술표준원

(8) NF P 18-502, Silica Fume for Concrete

(9) NS 3045, Silica Fume for Concrete

(10) prEN 13263, Silica Fume for Concrete

(11) 국토교통부, 콘크리트 표준시방서 내구성 편(KDS 14 20 60), (2014)

(12) 김한솔, 안기용, "실리카퓸과 규산철을 혼화재로 혼입한 콘크리트의 미세공극구조 비교", 한국콘크리트학회 학술대회논문집, pp. 499~500, (2017)

(13) 범준이앤씨 사내 기술 보고서, "실리카퓸 활용 교면포장 활용 사례", (2016)

(14) 변근주 외 3인, "실리카퓸콘크리트", (2007)

(15) 아이에스동서 사내 기술 보고서, "부산 용호만 복합시설 PJT 적용 사례", (2015)

(16) 이창홍, 정지훈, 김락현, "다수준 혼합실리카퓸 콘크리트의 수화열 거동 특성에 관한 실험연구", 한국콘크리트학회 학술대회 논문집, pp.427~428, (2015a),

(17) 이창홍, 정지훈, 김락현, "다수준 혼합 실리카퓸 콘크리트의 강열감량 개선 및 알칼리골재 반응 저감성에 관한 실험적 연구", 한국콘크리트학회 학술대회 논문집, pp.451~452, (2015b)

(18) 정지용 외 4인, "고강도 고함량 고로슬래그 혼합시멘트 모르터의 수화 및 포졸란반응에 미치는 석회석 미분말과 실리카퓸의 영향", 한국콘크리트학회 논문집, V.27, N.2, pp.127~137, (2015)

(19) 일본토목학회 콘크리트위원회, "실리카퓸콘크리트 설계·시공 지침", (1995)

(20) 특허 10-17252840000, "실리카퓸을 이용한 항만테트라포트용 콘크리트 조성물 및 그 제조방법", (2017)

(21) 특허 10-17465180000, "개질 다수준 실리카퓸을 활용한 초속경 콘크리트 균열치유 보수재", (2017)

(22) 특허 10-17277280000, "실리카퓸을 이용한 혼합 콘크리트 조성물 및 그의 제조방법", (2017)

(23) 특허 10-13852370000, "실리카퓸을 이용한 나노크기의 규산칼슘 수화물 제조방법", (2014)

(24) 특허 10-17252830000, "실리카계 더스트 혼합물을 포함하는 콘크리트 조성물 및 이를 이용한 콘크리트의 제조방법", (2017)

(25) 포스코건설 사내 기술 보고서, "다수준 실리카퓸 기술개발 연구", (2015)

KCI PM214.1-21 실리카퓸콘크리트위원회

위원장	이창홍	㈜포스코건설
부위원장	김성배	㈜제이원산업
간사	황준필 장승환	씨엠엠이㈜ 한양대학교
위원	김성겸 김정회 박남규 박준우 박진영 심현보 엄주한 김연상 이근주 이종길 이현기 이호재 정민선 홍성인 김태상 김혁중 김형석 김호진 최문선 김재흥 박용규 양 훈 이규철 오정춘 박의순 김기환	금오공대 IS동서㈜ ㈜태성에스엔아이 한국철도기술연구원 한국콘크리트학회 서울특별시 의회 한국에스지에스(주) ㈜포스코건설 ISO TC20 SC16 HDC현대산업개발(주) ㈜브리콘랩 한국건설기술연구원 서울특별시 의회 현대제철(주) 한국건설생활환경시험연구원 한경대학교 ㈜진웅화학 ㈜에이테크솔루션 범준이앤씨(주) ㈜포스코건설 아주산업(주) ㈜KG케미컬 선일산업(주) ㈜엔에스에스코리아 동남기업(주) 한국도로공사
자문위원	김상철 김영진 안기용	한서대학교 한국콘크리트학회 한양대학교

콘크리트 실무매뉴얼

실리카퓸 콘크리트의 시공

2021년 06월 25일 1판 1쇄 인쇄
2021년 06월 30일 1판 1쇄 발행

관리주체 사단법인 한국콘크리트학회
서울특별시 강남구 테헤란로7길 22
한국과학기술회관 신관 1009호
TEL. 02)568-5984~7
FAX. 02)568-1918

출판보급처 기 문 당
서울시 성동구 무학봉28길 4-1
TEL. 02)2295-6171(代)~5
FAX. 02)2296-8188

출판등록 1976. 10. 7 (1-44)

홈페이지 http : // www.kimoondang.com

I S B N 978-89-6225-909-4 93530